茶文化十二讲

主编 彭瑶琪 李 璐 张道霞

重庆大学出版社

内容提要

本书系统梳理了茶文化的精髓，全面展示了茶文化的深厚底蕴与独特魅力，从茶文化的起源与发展，到茶礼仪、茶器选择，再到各类茶叶的特点及泡茶技艺，深入浅出地介绍了茶文化的各个方面。同时，还关注了茶与健康的关系，探讨了茶叶的营养价值与保健功能。最后通过茶艺审美等让读者感受传统文化的魅力。此外，本书结合现代科技手段（如扫码观看视频），介绍不同茶类冲泡的正确手法。

本书可作为普通高校、职业院校等学生茶艺课堂学习教材及茶文化爱好者阅读参考书，有助于提升个人文化素养、审美能力及综合素质。

图书在版编目(CIP)数据

茶文化十二讲 / 彭瑶琪, 李璐, 张道霞主编 .
重庆 : 重庆大学出版社, 2025.9. -- ISBN 978-7-5689-
4773-2

Ⅰ. TS971.21

中国国家版本馆 CIP 数据核字第 2025HU3460 号

茶文化十二讲

CHA WENHUA SHI'ER JIANG

主编　彭瑶琪　李　璐　张道霞
策划编辑 : 顾丽萍

责任编辑 : 夏　宇　　版式设计 : 顾丽萍
责任校对 : 关德强　　责任印制 : 张　策

*

重庆大学出版社出版发行
社址 : 重庆市沙坪坝区大学城西路 21 号
邮编 : 401331
电话 : (023)88617190　　88617185(中小学)
传真 : (023)88617186　　88617166
网址 : http://www.cqup.com.cn
邮箱 : fxk@cqup.com.cn(营销中心)
全国新华书店经销
重庆长虹印务有限公司印刷

*

开本 : 787mm×1092mm　1/16　印张 : 11　字数 : 241 千
2025 年 9 月第 1 版　　2025 年 9 月第 1 次印刷
印数 : 1—2000
ISBN 978-7-5689-4773-2　定价 : 35.00 元

雅俗共赏，茶文化教育的自然选择

我们在面对青年学生全人格教育这一课题时，经常会陷入教学技术和教育艺术的矛盾，会遇到学生专业技能和人文素养的割裂。人文通识教育何以可能？生活即教育，我们的茶文化教育实践也许能抛砖引玉地回答这一问题。

湖南师范大学教育科学学院院长刘铁芳教授这样定义行动中的人文通识教育：它是一种指向生活的人文教育，也是一种积极性的人文教育。我们将这个理念融入我们的茶艺课堂中，受到了学生的普遍欢迎。

在很多高校，人文素养是"非主流"的课，但打好"人文教育"这张魅力牌，能极大地滋润青年学生的灵魂，让他们的人生更丰富，步履更轻盈。职场和生活不仅需要技术，更需要稳定的情商、强大的抗压能力以及良好的人际沟通能力。专业强、技术好是将来就业的基本盘，但是人生不能只有职业和技术，人文素养是将来幸福生活的增值盘，终其一生，总要有一些热爱和让自己欢喜的理由。

《茶文化十二讲》是我们团队深思熟虑后才确定下来的框架。我们首先从茶文化和茶礼仪的整体框架入手，让读者对中国的茶文化有一个大致的观照，再导入"水为茶之母，器为茶之父"的概念，把工具性的要求提到前面。接下来从中国六大茶类的分类入手，按照加工工艺的不同，将绿茶、白茶、黄茶、青茶、红茶、黑茶逐一进行剖析。每一个专章都会阐述一类茶叶的采摘制作、冲泡技艺、品饮推介等内容。当深度解析完六大茶类之后，就进入比较专业的茶叶审评环节，这是对茶叶内质更高层次的教学要求。在本书的后半部分，还特地安排了茶健康和茶艺审美的内容。因为我们大多数的学生接触到的是有限的人文教育，也就是知识化的人文教育，人文陶冶的时间和空间都是十分有限的。在生活中有时候不足以把自我整体地打开，不足以去发现生活中的美。茶文化教育的根本指向，就是提升生命的高度与生活的质量，让学生有一种积极开放的生活态度、生活意识、生活能力，由此拥有健全而饱满的生命状态。

茶文化教育是兴而发之的行动。本书重点在"动手"和"参与"，在审美中打开生命，形成雅俗共赏的课程特征。这种体验式的教育模式会让学生"留课""蹭课"成为日常，使茶艺课堂具备更加丰富而多元的功能，成为师生交往的重要平台。在茶这一有效媒介的联通下，人文素养融入行为习惯，能更好地助力学生成长，使他们在传统文化滋润下，涵养中国青年的浩然之气和君子风骨。

在本书的编写过程中，我们对十二讲的内容尽量做到系统化安排，但由于编者的水平有限，难免有错漏之处，敬请专家和读者批评指正。

编　者

2025年5月

目 录

CONTENTS

☕ 第一讲　茶文化

茶叶原产于中国，在中国西南部生长着数十种茶及其近缘植物，该地也无可争议地成为山茶科植物的地理起源中心。众所周知，茶是我国的全民性饮品之一。陆羽的《茶经》及历代茶叶著作，集中反映了中国茶及茶文化的悠久历史，到了近现代，茶文化则有了更高层次的发展，茶也成为全球第一大饮料。

第一节　茶文化发展史

人类探索、发现、利用、感受茶叶的历史，就是茶文化的历史。相传人类发现、利用茶叶的最早时间是三皇五帝时期。神农因尝百草，日遇七十二毒，得茶而解之，此系传说，但成书于汉代的《神农食经》，已经将茶当成了一种药食兼具的食物："茶茗久服，令人有力，悦志。"1980年，在贵州省晴隆县茶园发现了距今至少上百万年的新生代早第三纪四球茶茶籽化石，这成为中国茶树原产地的又一有力佐证。2001年，杭州萧山跨湖桥遗址发现了一颗疑似茶籽，这颗疑似茶籽与其他植物种子一起出土。在人为环境中发现的这颗疑似茶籽表明，在8000年前的东部沿海地区可能已有茶树存在，先民们可能已经在探究茶籽及茶的利用。20世纪70年代，浙江余姚河姆渡文化遗址中发现了大量的樟科植物叶片，还发现一只用过的陶罐中盛有樟科植物枝叶。一般而言，植物枝条是不宜食用的，因此有专家推断陶罐中的樟科植物枝叶应该是用来煮泡饮用的。饮食是人类维持生存的本能活动，寻找具有一定功能，诸如提神、杀菌、提味等功能的特殊植物枝叶，煮泡后饮用的习惯，在世界各大洲的很多民族中都有发现。根据唐代以来诸家本草书籍，樟科植物的药性主要有：辛温，无毒，主治恶气，中恶……霍乱，腹胀，宿食不消，常吐酸臭水。所以，河姆渡人很可能将它用作清凉、消食饮料。由此可见，先民们寻找具有药用功能的植物并实际应用于饮食活动，在时间上要远远早于神农尝百草、为民寻找中草药的英雄创造历史、文化的传说。田螺山遗址距离河姆渡文化遗址约7000米，距今5500~7000年，时间稍晚于河姆渡文化遗址第一期（距今5000~7000年），在村落房屋建筑遗址附近发现了一些规则排列的山茶属植物根，经化验，这些根含有茶树根所特有的茶氨酸，进而证明它们是茶树根。并且根据根群坑内土质疏松、土色与坑外不同等特点，考古学家推测这些茶树是人工种植的结果，表明当时的人们已对茶树进行了有意识的利用。很可能先民们经过长期反复的实践，最终选择了茶叶作为药、食兼具的食物，并且开始采集附近山上野生茶树种子，在居所周围种植以便利用。

　　河姆渡文化遗址发现的樟科植物叶，田螺山遗址发现的茶树根，从考古学角度，支持了神农尝百草得茶而解的传说，而且在时间上比传说中的神农时代还早一两千年，表明中华茶文化萌发时间之悠远。

一、商周至汉魏六朝的茶文化萌芽

　　先秦时期的《诗经》，记载了许多含有"荼"的诗句，其中《邶风·谷风》有"谁谓荼苦，其甘如荠。"《大雅·绵》有"周原膴膴，堇荼如饴"，《豳风·七月》有"采荼薪樗，食我农夫"。诸句中的"荼"，尽管被汉唐以来的诸儒诠释为"苦菜"，但前述诗句中"荼"的苦味，与"荠""饴"等甜味相比，具有甘苦相伴的特性，苦菜纯苦，"荼"却有苦后回甘的特性，故今人认为，《诗经》所记载的周代先民所食用的"荼"，很可能是茶。《华阳国志·巴志》记载："周武王伐纣，实得巴、蜀之师……以其宗姬封于巴，爵之以子……其地……丹、漆、茶、蜜……皆纳贡之。其果实之珍者……园有芳蒻、香茗……"表明在武王伐纣、周朝兴国之初，巴地就以茶和其他珍贵土特产品纳贡宗周，并且已经有了茶园。西汉神爵三年（公元前59年），著名辞赋家王褒撰《僮约》，其中"烹茶尽具""武阳买茶"是对茶事的记载，对茶事文化可谓具有重大历史意义，其中记载了僮仆每日应做的工作包括"烹茶尽具"，表明饮茶在当时社会的士大夫和文人阶层生活的日常性，而"武阳买茶"则表明茶在当时已经商品化，在产地或者区域集散地，已有相当规模的贸易量。王褒是四川资中人，订约之地在成都附近，买茶之地在四川彭山。在王褒之前对茶有记载的扬雄、司马相如均为蜀人，扬雄在《方言》中写下了"蜀西南人谓茶为蔎"。司马相如在《凡将篇》中记载了"荈诧"，这些都是关于茶的早期记录，可见饮茶文化源于巴蜀。湖南株洲下辖茶陵县，长沙马王堆汉墓中出土了石质"茶陵"地名印章，表明茶陵正如《茶经》引录《茶陵图经》所言"茶陵者，所谓陵谷生茶茗焉"为盛产茶叶之地。而长沙马王堆汉墓出土的"槚笥"，则表明长江以南的贵族生活存在大量的茶饮用，由此推断茶叶已是当时社会富贵阶层的日常生活用品。浙江湖州东汉砖墓中出土的青瓷贮茶瓮，则表明在汉代中人之家乃至平民之家，茶亦为日常生活用品之一。这只青瓷贮茶瓮肩部刻有一"茶"字，与长沙马王堆"槚笥"类似，器物上刻字，表明其用于贮茶的专门性与日常性。总而言之，长沙马王堆汉墓中出土的"槚笥"，王褒《僮约》中的"烹茶尽具"，以及东汉砖墓中的青瓷贮茶瓮，均反映了两汉时期从四川至长江中下游的产茶区，茶都是社会上层、中人之家乃至平民之家的日常生活用品，表明茶叶在两汉时期长江以南地区各阶层生活中使用的广泛性与日常性，并成为此后茶饮用及相关文化在中华大地蓬勃发展的基础。三国魏晋时期，茶在人类生活中的身影日渐清晰起来，并逐渐形成了自身独特的文化风格与内涵。

　　《三国志·吴书·韦曜传》记载："皓每飨宴，无不竟日，坐席无能否率以七升为限，虽不悉入口，皆浇灌取尽。曜素饮酒不过二升。初见礼异时……或密赐茶荈以当酒。"以茶代酒"发端于此。而南朝宋山谦之则在《吴兴记》中记载："乌程县西二十里，有温山，出御荈。"由此可见，当时已有专供皇家享用的贡茶御荈。西晋时期，文学家左思创作了《娇女诗》，诗中的生动描述体现了茶已成为北方上层人士的日常饮品，并已在基本不产茶的北方地区流行开来。而同时代杜育创作的《荈赋》则从多个方面描绘了当时茶文化的形式和成就：从种茶的自然地理环境到茶的品质特性，再到农事休闲的初秋季节，与志趣相投的人相约相伴，一起采摘、制作茶叶。品茶之水为岷江流淌的清澈江水，茶碗则用东瓯出产的陶瓷瓯具，饮食却像《大雅·公刘》诗中描绘的饮酒法，以瓢瓠分酌而饮之。煮成的茶汤"沫沉华浮"，像春花、像积雪一样明灿可人。而茶的功效则能"调神和内，倦解慵除"。《荈赋》所存文字已非当时全貌，然而幸运的是，茶产、茶品、器具、程式及相关理念，都以简明扼要的文学语言呈现在读者面前，也足以让人们窥见当时茶文化的发展程度。

两晋时期，长江以南地区已经出现了客来敬茶的习俗。《世说新语》曾记载王导在石头城以茶接待北方南渡者的礼仪，《茶经》也曾援引《桐君录采药》所载交、广地区（今广东、广西和越南北部一带）客来设茶的记录：弘君举食檄，寒温既毕，应下霜华之茗，三爵而终……无不体现客来敬茶习俗在中国南方地区的逐渐形成与适用范围之广泛。至于东晋初年，司徒长史王濛喜茶，人至辄命饮之，至为不喜者称为"水厄"的记载，则表明客来敬茶习俗形成过程中的曲折。

《晋中兴书》曾记载吴兴太守陆纳以茶待客，在生活中切切实实地实践情操品格的茶事。而《晋书·桓温传》也记载了扬州牧桓温以茶果设宴表现节俭的品格，这是茶具有俭德之性的开始。南北朝时期，南方地区饮茶习俗遍及社会各阶层，上自帝王将相文人士大夫，下至平民百姓，正如《广陵耆老传》记载："晋元帝时，有老妪每旦独提一器茗，往市鬻之。市人竞买……"意即广陵老姥每天早晨到街市卖茶，市民争相购买，这反映了平民百姓的饮茶风尚。道士、僧徒亦皆饮茶。茶成为道教徒炼丹服药以求脱胎换骨、羽化成仙的首选之物。南朝著名道士陶弘景在《杂录》中记载："苦茶，轻身换骨，昔丹丘子、黄山君服之。"有些僧侣也喜欢饮茶，例如《续名僧传》曾记载："宋释法瑶……年垂悬车，饭所饮茶……"也有僧人以茶待客，例如昙济道人于八公山设茶待客。

最高统治者对茶的青睐直接推动了茶文化发展。南齐世祖武皇帝《遗诏》记载："我灵座上慎勿以牲为祭，但设饼果、茶饮、干饭、酒脯而已。"这一规定强化了茶自带的节俭象征意义，并将其纳入了祭祀礼俗。

自商周时期起，经过漫长的历史酝酿，至两晋时期，茶已成为中国南方地区的普遍饮品，客来敬茶渐成习俗，茶艺初具雏形，茶的文化品性日渐明晰丰富。有关茶的文学作品日渐增多，例如孙楚《出歌》、张载《登成都白菟楼》、左思《娇女诗》、王微《杂诗》等均为早期的涉茶诗；西晋杜育创作的《荈赋》是文学史上第一篇以茶为题材的散文；南北朝时期女文学家鲍令晖曾著《香茗赋》，可惜散佚不存；晋宋时期志怪小说集《搜神记》《神异记》《搜神后记》《异苑》等均涉及茶的故事。这些都为后世茶文化的发展起着推波助澜的作用。

二、唐代茶文化全面形成

至隋代，因僧人以茶治愈了文帝头痛的顽疾，"由是人竞采啜"，当时流传一首诗曰："穷春秋，演河图，不如载茗一车。"感叹穷尽心血研治《河图》《春秋》这样的大学问所得报偿，还不如拥有一车茶叶所得丰厚。这一感叹所依据的历史背景是，随着大运河的开凿通航，南北货物流通极大增加，大量南方物产随着大运河的水路直运北方，大大降低了货物流通过程中的运输成本，使原本北方中上之家才能享用的茶叶，也日渐进入北方的平民乃至更下层民众家中，成为他们也消费得起的日常生活用品。

唐高宗、武后、中宗时期，禅宗渐兴，至玄宗开元时期则传遍大江南北。学禅务于不寐又不夕食的习惯，使禅众在坐禅、修禅过程中对茶的需求量大增。借助大运河航运便利，以及坐禅、修禅的倡导，茶饮在中国北方地区迅速流行开来，成为全社会各阶层的通用饮品。人自怀挟，到处煮饮，从此转相仿效，遂成风俗，并流于塞外。特别是长安、洛阳及长江中上游一带，茶已成为比屋皆饮之物。

唐代茶叶生产发展迅速，据统计有80多个府州产茶，贡茶同样兴盛，唐大历五年（770年）在浙江长兴顾渚山设立贡茶院，专门生产供皇室饮用的"顾渚紫笋"茶。

正是基于前述历史背景，唐代陆羽撰著了中国乃至世界上现存最早、最完整、最全面的茶学专著《茶经》，这部被誉为"茶叶百科全书"的著作，系统地总结了中唐以前历朝历代对茶的认识，阐述了茶经济、茶文化的方方面面，全方位地推动了唐代茶产业的发展和茶文化的兴盛，成为中国乃至世界茶业与茶文化发展的奠基之作。

其一，《茶经》重视春茶，使茶叶成为一项独立的经济作物，不再依附于粮食生产，这种独立性使茶种植迅速发展成为可能。正如北宋诗人梅尧臣赞叹："自从陆羽生人间，人间相学事春茶。"《茶经·一之源》对于茶叶源流——"南方之嘉木也"和茶的秉质——"茶之为用，味至寒"的探究阐述，特别是将茶叶寒敛简约之性与精行俭德之人联系起来，迅速提升了茶叶的文化品性。从此，茶就以风味恬淡、清白可爱、精行俭德的君子形象长驻于中华文化。《茶经》的另一重大影响，是将茶的清饮方式从当时的混饮方式中独立出来，并加以隆重推介，还以末茶煮饮方式，配以成套茶具、相关程式和理念，确立了茶饮有道的相应形式。《茶经》的影响还在于"茶"字的使用，并衍生出了"茶道"一词。"茶道"首见于陆羽至交、诗僧皎然在《饮茶歌诮崔石使君》中的"孰知茶道全尔真，唯有丹丘得如此"一语。另外，唐代封演在《封氏闻见记》卷六"饮茶"中记载："楚人陆鸿渐为茶论……有常伯熊者，又因鸿渐之论广润色之。于是茶道大行，王公朝士无不饮者。"从此，茶道、茶艺成为中国茶饮的特有文化形式，传播到周边少数民族地区，并跨出国门，远播朝鲜半岛和日本列岛。

其二，唐代茶文化的发展，还表现在与茶有关的方方面面。一是茶文学的兴盛。唐代是诗歌繁荣的时代，饮茶习俗的普及和流行，使茶与文学结缘，唐代众多著名诗人如李白、杜甫、钱起、白居易、元稹、刘禹锡、柳宗元、韦应物、孟郊、杜牧、李商隐、温庭筠、皮日休、陆龟蒙等，无不撰有茶诗。其中，不少茶诗脍炙人口，成为此后文学与文化传统中的新典型意象。卢仝《走笔谢孟谏议寄新茶》更是千古绝唱，为古今茶诗第一名，从此，"卢仝七碗"便成为重要的文学典故。二是唐代茶文茶书的创作开历史风气之先河。茶书肇始于陆羽撰著《茶经》，它奠定了中国古典茶学的基本构架，创建了一个较为完整的茶文化学体系，此后各种茶书相继面世。据不完全统计，唐代（含五代）茶书共计12种，其中，全文传世的有4种：陆羽的《茶经》、张又新的《煎茶水记》、苏廙的《十六汤品》、王敷的《茶酒论》，文已佚但仍可从他书中约略辑出的有5种：陆羽的《顾渚山记》《水品》、裴汶的《茶述》、温庭筠的《采茶录》、毛文锡的《茶谱》，另有3种则仅存目而无文。陆羽的《茶经》是对茶文化的全面撰述，之后出版的唐五代茶书则各有侧重，如《煎茶水记》专门记录煮茶用水的高下等第，《十六汤品》专门记录煮水因火候、器物、点注不同而效能不同，《茶酒论》专门记录茶、酒之间关于功用与地位的辩论，《茶述》《茶谱》专门记录各地茶品，《采茶录》则专门记录唐人茶事。这些茶书，从不同的角度、层面对茶文化进行了更加深入细致的探索与记录，为茶文化更广泛深入的发展做了铺垫。

其三，茶书画艺术亦兴起于唐代。现存最早的茶事书法是唐代书僧怀素所书《苦笋帖》。这原是一封信札，其文曰："苦笋及茗异常佳，乃可径来。怀素上。"传闻中由初唐阎立本所绘的《萧翼赚兰亭图》则是现存最早的茶画，这幅画作不仅记载了古代僧人以茶待客的史实，而且再现了唐代煎饮茶所用的器具及方法。盛唐时期周昉绘制的《调琴啜茗图》，以工笔重彩描绘了唐代宫廷贵妇品茗听琴的悠闲生活。而作者佚名绘制的《宫乐图》，则描绘了唐代宫廷仕女聚会饮茶习乐的热闹场面。四是唐代文人聚会与宫廷宴饮时茶宴、茶会盛行，这既是唐人茶文化活动的重要形式，也为茶文学艺术的创作提供了肥沃的土壤。茶馆、茶肆在中唐时期已经产生，既成为人们"投钱取饮"即买茶品饮的场所，也成为人们驻足休息之地，是后世中国茶馆的雏形。

陕西法门寺地宫出土的唐懿宗、僖宗父子下诏打造的一套宫廷专用金银茶具，充分反映了唐代宫廷饮茶之风的奢华与兴盛。

《茶经》的产生以及整个社会从帝王将相到普通百姓茶饮活动的丰富与频繁，促使茶具开始独立发展，越窑、邢窑南北辉映，进而成为中国陶瓷文化的重要组成部分。

正因为唐代茶文化几乎在所有方面都有了起步或长足发展，所以后人评价："茶，兴于唐。"

三、宋代茶文化繁荣兴盛

宋代由于历朝皇帝的重视，以及地方官员的竭力推广，茶文化空前繁荣兴盛，对后世影响至深。

宋代茶叶生产高度品质化，茶道技艺极度精致化。宋代以建安北苑官焙贡茶生产为代表的茶叶生产，达到了农耕社会手工生产制造茶叶的巅峰。

宋代建安北苑官焙贡茶"龙团凤饼"的生产，从采茶、拣择茶叶、洗濯茶叶，到蒸茶、榨茶、研茶、压饼、焙火、包装，无不极尽精细之能事。宋代贡茶的棬模款式花样繁多，质地以银、铜、竹为主，模板上多雕刻龙凤图案，成为帝王专用品的象征。

宋代不压制成饼的散茶也有相当的生产规模，这为茶饮方式的变化提供了物质基础。

宋代主要的饮茶方式为末茶点饮法。即将茶饼或散茶研磨成粉末，在茶碗中加入少量水调制成膏状，再以茶瓶注入沸水，以茶匙搅拌育汤花。北宋中后期改为茶筅搅拌击拂，在茶汤表面打发出白色泡沫，即可在黑釉的茶碗里制造出色彩对比强烈的茶汤来，视觉效果极富冲击力，形成反差很大的美感。宋代大书法家蔡襄专门撰写《茶录》，宣扬建安贡茶的点试之法，从而使点茶法名扬于缙绅间。宋徽宗赵佶曾撰写茶书《大观茶论》，宣扬建安贡茶及其点试之法，该书序曰："本朝之兴，岁修建溪之贡，龙团凤饼，名冠天下……故近岁以来，采择之精，制作之工，品第之胜，烹点之妙，莫不盛造其极……可谓盛世之情尚也。"甚至徽宗本人还多次为手下大臣点茶赐饮，更加推动了点茶法的广泛流行。相较于唐人而言，宋人的茶会、茶宴有了更多的山林和庭院之趣，因其山水园林文化的结合，茶能激发出更多的情趣与意境。斗茶、分茶习俗风靡城乡，都城汴梁、临安的茶馆盛极一时，甚至出现了区分不同社会身份、等级人士的茶馆、茶楼、茶肆，如具有行会性质的茶馆，专门上演曲艺、说书的茶馆，以及花茶馆、蹴球茶馆等，茶馆逐渐演变为地域性的公共空间、消息集散地，其社会功能日益凸显，逐渐形成独具特色的茶馆文化。两宋都城汴梁、临安大街上面向市民的茶担终日行贩，全国各地特别是南方地区，山陵野地开始有茶亭分布，它们与佛教等宗教团体所办的施茶亭一起，成为一种新型的社会公益形式。

车载山积的茶叶贸易，人头攒动的茶馆、茶肆，烹点品茗的雅尚相推，使茶文化在宋代达到了顶峰。宋人传世茶著远超唐人，茶诗数量更多，著名诗人梅尧臣、范仲淹、欧阳修、苏轼、苏澈、黄庭坚、秦观、陆游、范成大、杨万里等都曾写下多首脍炙人口的茶诗名篇。陆游一生诗作约万首，其中涉茶诗300余首，不可谓不丰。苏轼等人的茶诗，大多意境深远、理趣盎然。苏轼、黄庭坚、秦观都有多首茶词名篇传世。宋人的茶文亦是名家名篇众多，例如梅尧臣的《南有嘉茗赋》、吴淑的《茶赋》、苏轼的《叶嘉传》、黄庭坚的《煎茶赋》等，各有侧重、各擅胜场。

宋代文化艺术成就斐然，茶艺术也不例外。茶广泛地入书入画，宋代书法四大家苏轼、黄庭坚、米芾、蔡襄均有多幅茶事书法传世，不仅给后世中国留下了许多珍贵的书法艺术，还保留了不少其他文献所未见的茶文化资料。例如，蔡襄的《茶录》《北苑十咏》《思咏帖》，苏轼的《致道源帖》《一夜帖》《新岁展庆帖》，黄庭坚的茶宴诗、煎茶诗书法，米芾的《苕溪诗》手迹等。相较于唐代而言，宋代茶画作品题材范围广泛得多，赵佶的《文会图》，刘松年的《撵茶图》《卢仝烹茶图》等画作描绘的是文人雅聚的茶饮场面，而刘松年的《斗茶图》《茗园赌市图》等画作则让人们欣赏到负担卖茶者之间的斗茶竞卖场面，宋墓壁画、棺壁刻画以及深受宋人茶文化影响的辽墓壁画中的茶画，则描绘了当时人们居家生活的茶饮场面，极富生活气息。由于宋代上品茶色尚白，因此点茶多用深色釉的茶碗，以黑白对比的强烈反差为特点，形成独特的审美风格，当时建窑系黑釉盏风行天下，后世称天目盏，为中国陶瓷文化注入了一股特别之风。

可考证的宋代茶书约30种，全文传世的有11种，5种可辑佚，14种荡然无存。作者大多为官吏出身的文人士大夫，选题大多集中在北苑贡茶、茶法和茶艺等方面。绝大多数茶书都各有心得，言之有物，不拘前贤，自成体例。例如，蔡襄的《茶录》是茶书与书法完美结合、相得益彰的精品；徽宗赵佶的《大观茶论》是前无古人、后无来者的帝王所著茶书，推动了宋代贡茶文化的发展和宋代贡茶的登峰造极；宋子安的《东溪试茶录》、熊蕃的《宣和北苑贡茶录》、赵汝砺的《北苑别录》则全面保存了宋代贡茶的发展路径，以及贡茶名目、纲次及数量等详细史料，为后人了解宋代的贡茶发展水平与文化提供了便利。宋代茶书，为中国茶文化史保存了极具特色的末茶茶艺，在特别关注茶叶的同时，还关注了茶与社会文化整体之间的关系，这些都影响了后世茶文化的发展。

宋代茶文化的另一重要历史事件是茶文化走出国门，远播日本。凭借佛教以及民间文化贸易往来，末茶点茶法传至日本，并被日本的茶道家们发扬光大，形成独特的日本文化现象——抹茶道，这是中日茶文化交流的重要历史成果。

四、明代茶文化继续发展

明太祖朱元璋罢废龙团之贡，导致茶叶生产和饮用形式发生了根本性变化，末茶及相关蒸青方式和末茶点饮形式消失，以炒青或烘青、晒青方式生产的散茶大为普及，叶茶瀹泡法成为主流饮茶方式，直接以沸水冲泡散茶，非常简便，可谓尽茶之真味。此种泡茶法在明代中期以后成为中华饮茶法的主流方式，一直沿用至今。

明代的茶事诗词不及唐宋之盛，但许多著名诗人如谢应芳、陈继儒、徐渭、文征明、于若瀛、黄宗羲、陆容、高启、徐祯卿、唐寅、袁宏道等都写过茶诗。明代茶文学的主要发展方向在散文、小说方面，如张岱的《闵老子茶》《兰雪茶》。晚明小品文涉及茶事颇多，公安、竟陵派代表作家均有茶文传世。例如，文震亨的《长物志》卷十二《香茗》，李渔的《闲情偶寄》都有描述茶或茶具的名篇。明代著名小说中都有大量的茶事描写，例如《金瓶梅》描述茶事的有400多处，可见明代市民社会茶事生活的丰富与频繁，此外

《水浒传》《西游记》《拍案惊奇》等都有很多关于茶事的描述。明代茶书画艺术有了长足的发展，"明四家"都精于茶道，各有多幅茶画传世，文徵明的《惠山茶会图》、唐寅的《事茗图》，都是茶画中的精品。此外，丁云鹏的《玉川煮茶图》、陈洪绶的《停琴啜茗图》、王蒙的《煮茶图》等皆是茶事名画。文徵明、唐寅、文彭等人的茶书法作品也有诸多传神之作，而徐渭的《煎茶七类》不仅是茶书法珍品，其本身亦是一卷茶文，可谓锦上添花。明人茶书创作是古代茶书创作的高峰时期，现在可知的茶书有50多种，约占中国古代茶书的一半，代表作有朱权的《茶谱》、田艺蘅的《煮泉小品》、陆树声的《茶寮记》、陈师的《茶考》、张源的《茶录》、屠隆的《茶说》、张谦德的《茶经》、许次纾的《茶疏》、熊明遇的《罗岕茶记》、罗廪的《茶解》、冯时可的《茶录》、闻龙的《茶笺》、屠本畯的《茗笈》、徐渭的《煎茶七类》、徐火勃的《茗谭》、黄龙德的《茶说》、冯可宾的《岕茶笺》、喻政的《茶书全集》等，著述可谓非常丰富。然而虽有原创，但转抄者多、汇编者多，故一书二名者并不鲜见。且转抄过程中讹误不少，选择亦有很大的随意性。但无论如何，明代茶书都为后世保存了许多当时生产制作茶叶的资料，许多爱茶人士还自己动手采摘、制作茶叶，研究采制与泡饮方法对茶饮滋味的影响，在泡饮之余，还享受到更多的乐趣。随着茶叶生产、饮用方式的巨大变化，茶具亦发生了根本性的变革，这就是紫砂茶具的兴起，使壶杯体系的茶具专门化过程得以基本完成。从万历年间到明末是紫砂茶具发展的高峰期，前后出现了"壶家三大""四名家"。"壶家三大"指时大彬和他的两位高足李仲芳、徐友泉，时大彬被誉为"千载一时"。"四名家"为董翰、赵梁、元畅、时朋。董翰以文巧著称，其余三人则以古拙见长。此外，李养心、惠孟臣、邵思亭等人擅长制作小壶，被誉为"名玩"。欧正春、邵氏兄弟、蒋时英等人，借用历代陶器、青铜器和玉器的造型、纹饰制作了不少超越前人的作品，并广为流传。时至今日，紫砂茶具仍然是中国茶具文化的精品。

明代还出现了烘青花茶（1440年以前出现）、红茶（16世纪时出现），使茶叶家族的品类日渐扩大，特别是红茶随着明代的海外贸易传至欧洲，丰富了中国乃至世界人民的物质文化生活，甚至影响到自英国开始的工业革命，为世界工业文明的发展，无形中作出了巨大的贡献。

五、清代茶文化发展至衰落的转折

清前、中期传承晚明茶文化，特别是嗜茶如命的乾隆皇帝，其"国不可一日无君，君不可一日无茶"的逸闻轶事在民间广为流传。宫廷茶具镶金嵌玉、粉釉斗彩，极尽精美与奢华之能事。龙井、碧螺春等成为贡茶新贵，又为茶事诗文新添许多词翰。在名篇不多的清代茶诗中，陈章、曹雪芹、乾隆皇帝、郑燮、汪士慎、施润章、连横、丘逢甲等人均有佳作。自清乾隆八年（1743年）开始，每岁新正，乾隆皇帝都要召集内廷大学士、翰林等人在重华宫赐茶宴联句。此后，嘉庆皇帝将重华宫茶宴联句作为家法，于每年正月举行。

至道光年间仍时有举行，咸丰以后才得以中止。重华宫茶宴联句，是清代独特的宫廷茶文化现象。

清代古典小说名著《红楼梦》《儒林外史》《儿女英雄传》《醒世姻缘传》《聊斋志异》等中都有茶事描写。特别是《红楼梦》对茶事的描写最为细腻生动，而且文化内涵十分丰富。《红楼梦》主要描写的是荣、宁二府贵族的日常生活，煎茶、烹茶、茶祭、赠茶、待客、品茶等茶事活动比比皆是，全面展示了中国传统的茶俗文化，如"以茶祭祀""客来敬茶""以茶论婚嫁""吃年茶"，还有"宴前茶""上果茶""茶点心""茶泡饭"等，都是当时社会茶俗文化的文学再现，可谓"一部红楼梦，满纸茶香味"。

清代诞生的曼生壶为紫砂壶艺术的巅峰，集诗书画印刻于一壶，完美呈现文人意境。清代茶书画艺术呈现宫廷与民间各自发展的局面。宫廷画家董诰在乾隆庚子（1780年）仲春时节，奉乾隆皇帝之命，复绘遭毁的明代王绂的《竹炉煮茶图》为《复竹炉煮茶图》，画正中有"乾隆御览之宝"印，即是茶文化的一件韵事。姚文瀚仿绘宋代刘松年的《茗园赌市图》题为《卖浆图》，丁观鹏的《太平春市图》中，多有茶事场景。《清院画十二月令图》所画清宫生活图中亦有多幅涉及宫廷的茶事生活场景。而宫廷画师金廷标所绘《品泉图》则是文士山林饮茶的代表作。在民间，以"扬州八怪"汪士慎、金农、郑燮、高凤翰等为代表的书画家们则画有多幅茶画，写有多幅书法名作。从茶书法角度来看，清代的茶事对联书法更是独领风骚。例如，汪士慎"茶香入座午阴静，花气侵帘春昼长"，金农"采英于山，著经于羽；舛烈馥芳，涤清神宇"，郑燮"墨兰数枝宣德纸，苦茗一杯成化窑""从来名士能评水，自古高僧爱斗茶"，等等。清人撰有茶书至少26种，其中既有陆廷灿仿《茶经》体例、极尽资料搜罗的鸿篇巨制《续茶经》，约10万字；也有关注地域茶事的陈鉴著《虎丘茶经注补》、冒襄著《岕茶汇抄》等；还有关注阳羡紫砂名壶的吴骞著《阳羡名陶录》《阳羡名陶续录》；有专注于茶史的刘源长著《茶史》、余怀著《茶史补》、佚名著《茶史》等。而程雨亭的《整饬皖茶文牍》是其在皖南茶厘总局道台任上有关茶叶的禀牍文告汇编而成，郑世璜的《乙巳考察印锡茶土日记》则是对中国茶业竞争对手印度、锡兰茶业的考察，胡秉枢的《茶务佥载》、英人高葆真摘录翻译的《种茶良法》则是清代的两部特殊茶书，前者为中文茶书被译成日文在日本出版，后者为英国人译写的茶书在中国出版，反映了中外茶学与茶文化的交流，既是茶书也是茶文化发展的新方向。武夷乌龙茶在清康熙年间已经出现，白茶、黄茶亦在明清时期出现，普洱茶在清代开始为人们所重视。至此，六大茶类，以及再加工的花茶类，皆已全部出现。丰富的茶叶品类，与众多的茶叶名品一起，为人们的茶叶消费与茶文化发展提供了丰沛的物质源泉。

清代茶文化的另一趋势是茶饮的世俗化与简单化、功能化，表现在除了闽广等地区的工夫茶外，精致的品饮茶方式已不多见。茶饮与各地区的社会文化、生活习俗相结合，形成了多种具有鲜明地方特色的茶俗。例如广州的早茶、扬州的茶社、成都的龙门阵等。茶馆日益功能化，一是成为地域性的公共空间，二是成为近代剧院体制出现之前的演剧场所。茶园、书茶馆、曲茶馆等，为近代公共文化发展做出了相当大的贡献。清代是中国茶叶对外贸易由盛转衰的关键时期，在鼎盛时期，中国茶叶对外贸易占世界茶叶贸易的80%以上。巨额的贸易顺差，使贸易逆差国如英国等国，开始以鸦片贸易为途径对中国展开走私等各种形式的非法贸易。1940年中英爆发了鸦片战争，中国在这场茶与罂粟（鸦片）的战争中落败，进而沦为半殖民地半封建社会。鸦片贸易不仅毒害了中国的经济，还毒害了中国人的身体，委顿了部分中国人的精神。而在以鸦片贸易平抑因茶叶贸易带来的巨额逆差的同时，英国人一直在亚洲其他国家寻访适宜种植、生产茶叶的地方开展茶叶种植、加工生产，最终东印度公司在印度、斯里兰卡等地完成了这一计划。随着世界上其他国家和地区的茶叶进入世界茶叶贸易体系，并在英国人的关税保护下进入英国等欧洲市场，中国茶叶在世界贸易中的份额日渐走低，加上洋行、茶庄、茶栈等居中盘剥，国内关卡林立，厘金恶税繁重，中国茶农的生产生活、茶商的经营都陷入了难以为继的悲惨境地。茶文化亦因之萎缩，几无发展。

六、现当代茶文化的繁荣

20世纪20年代起，以吴觉农、方翰周、王泽农、陈椽、庄晚芳、张天福等为代表的新一代茶人，在茶叶生产、经贸、文化、教育等方面，为中华茶业与茶文化的复兴，开始了艰辛的努力。特别是吴觉农对明确中国是茶树原产地、扶持茶农的茶叶生产以及发展茶叶对外贸易、发展茶叶教育事业等方面作出了较大贡献。现代文学大家如鲁迅、周作人、梁实秋、林语堂等都撰有茶文，进一步延续了茶文化的发展。

自20世纪70年代起，沉寂中的中华茶文化开始复兴。在茶文学方面，郭沫若、赵朴初、启功等均著有茶诗、茶词等佳作。茶事散文极其繁荣，苏雪林、秦牧、邵燕祥、汪曾祺、邓友梅、李国文、贾平凹等均著有优秀茶文，还出现了多部茶散文集，如林清玄的《莲花香片》、王旭烽的《瑞草之国》、王琼的《白云流霞》等。特别是中国当代女作家王旭烽创作的茶文化小说《茶人三部曲》，其中前两部《南方有嘉木》《不夜之侯》更是荣获了中国长篇小说最高奖——第五届茅盾文学奖。茶书画艺术空前繁荣，吴昌硕、齐白石、丰子恺、唐云、刘旦宅、范曾、林晓丹等都在茶主题绘画方面作品众多。赵朴初、启功等人的茶书法，更是文化与艺术在茶方面结缘的佳作。《请茶歌》《采茶舞曲》《挑担茶叶上北京》等茶歌、茶舞广为流传，是许多文艺演出的保留节目。此外，与影视等现代传播形式相结合的新型茶艺术不断涌现。例如，从中央电视台到地方台推出的多部大型茶文化系列专题片，以茶为主题的电影、电视剧层出不穷，话剧《茶馆》几十年来长演不衰，作曲家谭盾创作的歌剧《茶——心灵的明镜》，具有完全的国际化背景，由国际团队制作、国际团队参演，已经在全世界许多国家演出，是当今世界关于茶文化、关于中国文化的新的经典剧作。中国中央电视台大型纪录片《茶叶之路》《茶，一片树叶的故事》的展播，向全世界全方位展现了茶的历史和文化魅力。茶艺编创与呈现，以及茶席设计、茶具设计、茶包装设计等都成为新兴的茶文化艺术领域。经常举办全国性或地方性的茶艺比赛能不断扩大茶文化的影响，一些中华茶道茶艺还走出国门，远播东亚、东南亚，甚至还传到欧美。20世纪80年代以来，茶文化产业也成为新兴产业，现代茶艺馆如雨后春笋般涌现，据统计，目前我国有大大小小的各种茶馆、茶楼、茶坊、茶社等10万多家，茶馆业成为当代茶文化产业的生力军。鉴于现代茶馆业的迅猛发展，原劳动部于1999年将茶艺师列入国家职业分类大典，2001年又颁布了《茶艺师国家职业标准》，茶艺师成为新兴职业。茶文化研究是当代茶文化的一个重要组成部分，研究人员遍及业内外。30多年来，茶文化研究者发表了大量的研究论著，据初步统计，公开出版的各类茶文化书籍超过500种，各类茶文化研究论文超过3500篇。研究领域主要集中在茶文化综合研究、茶史研究、茶艺和茶道研究、陆羽及其《茶经》研究和茶文化文献资料编纂等五个方面。此外，在茶与儒道释、茶文学艺术、茶俗、茶具、茶馆等研究方面，也不断有新成果出现。茶文化进入高等教育序列，也是这一时期茶文化发展的重要事件。1984年，庄晚芳发表论文《中国茶文化的传播》，首倡"中国茶文化"。此后，2003年，浙江树人学院开设大专班茶文化专业，2006年浙江农林大学设立中国本科教育阶段首个茶文化学院。茶文化教育体系得到逐步完善。21世纪以来，我国高等教育不仅在茶学本科教育阶段设有"茶文化"方向，而且在茶学硕士、博士研究生培养中也设有"茶文化"方向。事实上，我国高等教育已将"茶文化"作为茶学的一个分支学科、子学科。可见，"茶文化"的学科地位已初步确立。20世纪90年代以来，全国各地先后举办了无数大大小小、五彩纷呈的茶文化节，提倡茶饮，发展茶文化，促进地区茶经济发展，成为社会经济文化生活中的一大亮点。2004年，中国国际茶文化研究会会长刘枫向全国政协提交关于确定"茶应成为国饮"提案，倡导茶应成为国饮。此后，又有一些有识人士再次提交了类似提案，并提议将茶文化列入中小学必修课程。茶为国饮，既是对中华几千年茶文化历史的尊重与继承，也是对大众健康、茶业发展、新农村建设等问题的文化解答。20世纪90年代以来，全国各地先后成立了不少茶文化社团组织，对各地的茶文化与茶产业发展都起到了积极的促进作用。

中国国际茶文化研究会自1993年成立以来，先后在国内外举办了大型国际茶文化研讨会十多次，组织与参与各地的茶文化活动数百次，竭力推进中华茶文化的复兴并走向鼎盛发展。茶学、史学等各界专家学者也纷纷加入到促进茶文化发展的行列中来。茶文化著作纷纷问世，有如吴觉农的《茶经述评》，朱自振、陈祖槼的《中国茶叶历史资料选辑》，陈宗懋主编的《中国茶经》《中国茶叶大辞典》，邬梦兆的《茶诗集》，余悦等主编的《中华茶通典》等多达数百部的优秀作品。可以说，现当代中华茶文化的全面复兴，业已取得较大的成就，在产业发展、社会关注、人力物力资源持续投入的前提下，中华茶文化必将迎来更快更好的发展新愿景。

七、茶文化的传播

中国茶，很早以前就通过陆路与海路传播至世界各地。据统计，当今世界有60多个国家和地区种茶、产茶，为世界人民带来了健康与幸福。

公元前3世纪，西汉使臣张骞便在中亚发现了邛杖、蜀锦和茶叶等来自巴蜀的特产；韩国亦有传说，5世纪便有驾洛国王妃许黄玉从四川安岳带回茶种，在全罗南道种植，许黄玉陵墓至今仍完好地保存在金海市。

通过使臣来访、商贸交流、礼尚往来等渠道，中国茶叶传播海外，已有近2000年历史，但有文字可考的应在6世纪以后。茶叶首先传播到朝鲜和日本；接着通过丝绸之路和茶马古道传播到中亚、西亚和东欧；然后经海上丝绸之路传入西欧。18—19世纪，英国东印度公司曾多次派员来华寻茶、雇茶工，后又派罗伯特·福钧来华，将茶种带到印度大吉岭一带种植，此后通过多种途径逐渐传播到全世界，现在全世界有60多个国家实现了人工种茶，160多个国家和地区饮茶，茶叶已成为惠及全球30多亿人的大众健康饮料。正如英国著名科学史专家李约瑟博士所言："茶是中国贡献给人类的第五大发明。"

由于地理位置邻近，民族风俗类同，国家交往频繁，中华文化的对外传播首先惠及周边国家和地区，尤其是出入较便利的东亚各国。据历史文献记载，茶文化的传播首先从朝鲜开始，然后依次为日本、东南亚诸国、中亚及俄罗斯等。我们可以从茶字的发音来印证这一规律，如朝鲜Chá、日本Chà、越南Cha、菲律宾Cha、印度Chai、土耳其cay、伊朗Chay、俄罗斯Chai、波兰Chai、葡萄牙Cha。

（一）韩国最早奉有"茶礼"

新罗真兴王五年（544年），即高丽三韩时代创建智异山华岩寺时，已有种茶记录，比茶树传入日本早200余年。又据《三国史记》卷十《新罗本纪》记载，新罗二十七代善德女王时期（632—647年），"茶已有之"。又载兴德王三年（828年），有遣唐使金大廉从中国带回茶籽，种于地理山（今智异山）下的华岩寺周围，后来逐渐扩大到以双溪寺为中心的各寺院。但也有民间传说，认为韩国茶源于5世纪末，由驾洛国首露王妃许黄玉从中国带回茶种。传说许王妃为中国四川安岳人，与驾洛国王首露在东海之滨相遇，两人一见钟情，结为夫妻。许黄玉出嫁时带去许多中国特产，包括茶籽，这些茶籽撒播于全罗南道智异山华岩寺附近。《三国史记》有山僧向国王献茶的记录，也有4—5世纪圣王饮茶的故事等。许王妃在韩国备受尊重，死后葬于釜山市近郊的金海市，该市至今每年均举办茶会进行隆重祭拜。智异山和全罗南道河东郡花开村至今保存着许多中国茶树遗种，生长繁茂，其中"花开绿茶"在韩国因品质优异，十分著名。韩国是一个尊孔崇儒的国家，十分重视家庭伦理道德教育，并以茶礼规范家庭秩序，传承传统文化礼节。民间无论婚丧嫁娶、迎来送往、年节祭祀等，均十分重视"茶礼"的应用，并以"茶礼"将禅宗思想和道德教育融为一体，成为一门综合艺术，使韩国茶文化成为道与艺的完美结合。

（二）"弘仁茶风"和日本茶道的形成

传说先秦时期，中国移民带着农作物种子、生产工具和生产技术源源不断地到达日本，方士徐福以寻长生不老仙药为名带着3000名童男童女、500名技工到达日本。茶叶传到日本则与佛教传入和日本长期向中国派遣遣唐使与留学僧制度有关，关于茶叶引入日本，不得不提到最澄、空海和永忠三位高僧。

最澄（762—822年），日本近江滋贺人。12岁出家，20岁在奈良东大寺戒坛院受戒，后在京都比睿山结庵修行。他在研读鉴真和尚带去的天台宗章疏的过程中萌发了对天台宗的极大兴趣，奏请天皇恩准来唐求法。最终，日本天皇批准他到浙江天台山国清寺留学。

天台山盛产茶，早在三国时期，葛玄（164—244年）在天台山主峰华顶修炼金丹时便开辟了葛仙茗圃，唐代著名道士徐灵府在《天台山记》中称华顶上"松花仙果，可给朝餐；石茗香泉，堪充暮饮。"葛仙茗圃至今仍见于华顶归云洞前。805年春，最澄辞别天台山国清寺返回日本，台州刺史陆淳以茶代酒为其饯行，这是一次名副其实的茶会，从台州司马为此次茶会撰写的《送最澄上人还日本国序》便可得知。序中言："三月初吉，遄方景浓，酌新茗以饯行，劝春风以送远。"序中所言"三月"是指农历三月，相当于阳历四月，正是天台山采新茶的时节。以茶饯行既尊重佛教戒规，又展示了天台山的茶文化风貌。

最澄于805年5月回到日本，向天皇上表复命，将带回的经书章疏230部共460卷、《金字妙法莲华经》《金字金刚经》及图像、法器等献上，并创建了日本天台宗。同时，还把从天台山带回的茶籽播种在京都比睿山麓的日吉神社旁，结束了日本列岛无茶的历史。至今，位于日吉神社的池上茶园仍矗立着"日吉茶园之碑"，碑文中有"此为日本最早茶园"数字。

然而，最重要的是，最澄将饮茶文化也一并带回了日本，并借助他作为日本天台宗创始人的影响力，将饮茶之风引入日本的寺院佛堂、上流社会。在传播中国佛教文化和茶文化的过程中，最澄得到了当时日本最高统治者嵯峨天皇的大力支持。

嵯峨天皇（786—824年）是日本平安初期的诗人、茶文化传播的助推者。嵯峨天皇在位的弘仁年间（810—824年），日本饮茶活动最盛，形成"弘仁茶风"。

嵯峨天皇著有《和澄上人韵》，其中便涉及饮茶：

> 远传南岳教，夏久老天台。
>
> 枚锡凌溟海，蹑虚历蓬莱。
>
> 朝家无英俊，法侣隐贤才。
>
> 形体风尘隔，威仪律范开。
>
> 袒臂临江上，洗足踏岩隈。
>
> 梵语翻经阁，钟声听香台。
>
> 经行人事少，宴坐岁华催。

羽客亲讲席，山精供茶杯。

深房春不暖，花雨自然来。

赖有护持力，定知绝轮回。

这首诗主要是赞颂最澄上人为日本众僧灌顶传教的义举，同时介绍饮茶、供茶场景，表明最澄在回国后的传教活动中伴有饮茶行为。

与最澄差不多同期来华留学的还有一位高僧空海（774—835年）。空海学成归国后创立了日本真言宗，与最澄一起被誉为日本平安时代新佛教的双璧。806年，空海自中国带回了茶籽并献给嵯峨天皇，至今在空海归国后任住持的第一个寺院——奈良的佛隆寺里，仍然保留着空海自大唐带回的碾茶石碾及种茶遗址。809年，空海在京都传教，得到了嵯峨天皇的大力支持；812年，因敬重空海的学识，最澄与弟子泰范一起，拜空海为师，接受空海的灌顶。816年，空海在高野山辟真言宗道场。他经常应邀出入朝廷，奉敕举行求雨、禳灾等法事，与嵯峨天皇论经酌茶。嵯峨天皇著有七言诗《与海公饮茶送归山》一首：

道俗相分经数年，

今秋晤语亦良缘。

香茶酌罢日云暮，

稽首伤离望云烟。

这首诗赞扬了茶的魅力，并对空海即将返回禅寺感到惋惜。

最澄和永忠是在陆羽《茶经》问世后，积极传播中国唐代新兴文化的使者。他们除了将当时新兴的密教文化带回日本弘扬之外，还带回了中国的茶籽、茶饼、茶具等。另外，从弘仁饮茶对陆羽煎茶法的模仿、弘仁茶诗与中国茶诗雷同的表现上，可以推测出《茶经》与当时的中国饮茶诗文一起由最澄、空海等人带回了日本。以嵯峨天皇为首的日本上层人士，对唐代的饮茶文化表现出了极大的关注与热情，特别是嵯峨天皇，不仅多次参与茶会，还在皇宫内特置茶园，下令在近畿地区种茶，以期饮茶文化在日本能够长久发展，这股浪潮史称"弘仁茶风"。

（三）茶由葡萄牙、荷兰引入欧洲

早在16世纪以前，茶叶就经阿拉伯人之手在威尼斯传到了欧洲。不过将茶叶作为商品引进欧洲的，仍应主要归功于葡萄牙人和荷兰人。凭借发达的航海事业，1514年葡萄牙商船首先打通了与中国的航路到达广东，并在中国澳门地区开始和中国进行海上贸易。

1557年，葡萄牙在中国澳门地区成功地设立了贸易据点，与此同时，商人和水手已开始携带少量的中国茶回国。1559年，威尼斯作家拉穆斯奥所著《航海旅游记》中就有中国茶的记载，这是欧洲文学中首次出现"茶"。耶稣会教士在茶的传播上起着积极作用。他们来到中国传教，亲身体验了茶饮料的神奇疗效，并如获至宝地带回葡萄牙。1560年，葡萄牙教士克鲁兹专门撰文介绍中国茶，他认为"此物味略苦，呈红色，可治病"。威尼斯教士贝特洛认为："中国人以某种药草煎汁，用来代酒，能保健防疾，并且免除饮酒之害。"由此可见，茶从东方进入欧洲，最初是以药的身份出现的，价格异常昂贵，只有豪门富商才能享用。而且，英国皇室成员对茶的狂热吹捧，使其在英国居于异常重要的地位，客观上进一步为饮茶者塑造了高贵形象。

在欧洲，茶风的弘扬，不得不提及1662年嫁给英王查理二世、人称"饮茶皇后"的葡萄牙公主凯瑟琳。她虽不是英国首位饮茶之人，却是带动英国宫廷和贵族饮茶风气的开创者。她陪嫁的中国茶叶和陶瓷茶具，以及经她冲泡的茶和提倡的饮茶方式，都是社交圈内深受他人喜爱的重要话题。在这位雍容华贵的王后亲身示范下，饮茶成为风尚，并在英国上层阶级很快流行开来。当时英国人饮用的全是中国茶，但并非独爱红茶。时至今日，英国人仍然喜饮小种红茶、茉莉花茶、武夷岩茶、祁门红茶、普洱茶等。19世纪初，第七代贝德福特公爵夫人安妮公主（1788—1861年）也以爱饮茶著称。她不仅在温莎城堡的会客厅布置了茶室，邀请贵族共赴茶会，还专门制作了银茶具、瓷器柜、小型易移式茶车等器具。这些器具优雅素美，很好地呈现了"安妮公主式"艺术风格。英式"下午茶"的流行或与安妮公主的引领有关。1602年，荷兰东印度公司成立。1607年，荷兰海船自爪哇来中国澳门贩茶运回欧洲，自此大批中国绿茶及陶瓷茶具正式进军欧洲。1610年，荷兰东印度公司将自中国及日本购进的茶叶集中于爪哇，然后载运回国。1650年，荷兰又将中国红茶输入欧洲。

初入荷兰时，茶叶与香料一起放在药铺里出售，商人们宣传它是灵丹妙药。饮茶在荷兰人的推动下日渐风行，茶叶因此也成为一项重要商品。1644年，英国东印度公司看好中国茶的市场前景，开始与荷兰进行竞争。1651年，英国通过《航海法》，规定外国进口货物至英国及其属地，必须由英国船或出产国船只载运。《航海法》的通过，使英国与荷兰之间的贸易摩擦更加白热化，1652—1654年，英国、荷兰两国大打出手，英国赢得了一连串的胜利，成为威胁荷兰海上势力的强大对手。

英荷之战后，英国茶叶进口渐增，茶开始在英国国内向大众贩售。1658年，英国《莫丘里斯报》公开刊登了一则咖啡店为中国茶叶做的广告，这是世界上第一则有关茶的报纸广告。

1665—1667年，爆发了第二次英荷之战，英国再度获胜并取得贸易上的优势，逐渐垄断了茶叶贸易权。1669年，英国政府规定，茶叶由英国东印度公司专营。由此，英国东印度公司以自厦门收购的武夷红茶取代了绿茶，成为欧洲茶市上的主要茶类。自中国从厦门向英国出口茶叶后，英国即依闽南语称茶为"Tea"；又因武夷红茶茶色黑褐，遂改称红茶为"Black Tea"。此后，英国人关于茶的名词大多依闽南语发音，如早期将最好的红茶称为"Bohea Tea"（武夷茶），后来又将工夫红茶称为"Congou Tea"。

（四）从Tch'a到Tea的演变

18世纪以前，英国人一直是茶的积极推广者。从14世纪开始，人们通过雷诺翻译的

《编年史系列》得知：中国皇帝在种类繁多的丰富物产中，只在盐和一种需要在热水里泡了以后饮用的植物上给自己保留了特权，人们在所有城市中出售这种植物，获得巨额利润，它被称为"茶"，叶子比三叶草多，闻起来很芳香，但是有一种苦味，水烧开以后，人们把它倒在这种植物上，这种饮料在任何情况下都是有益的。据考证，茶在17世纪中期才引进到英国。英国海军秘书佩皮斯在1660年的日记中写道："我派人去找一杯叫'tee'的中国饮料，之前我从没喝过。"东印度公司职员威克汉于1615年写信给澳门的伊顿先生，他在信中要"一包最醇正的茶叶"，这是英国有关茶的较早记录。关于茶的发音，"Tch'a"是俄罗斯人对茶的称呼，他们通过中国北方获知这个发音并保留在自己的语言中。俄语是"чай"，希腊语是"Τδαζ"，希腊语发音也类似。

（五）茶在法国引起轰动

茶是从荷兰运到法国的。据考证，吉·帕坦在1648年写给里昂斯邦博士的信中提到过茶，认为中国茶可以让人感觉舒适，为此还引起了一场学术争论。17世纪下半叶，法国又出现了大量介绍中国茶优点的宣传册。丹麦国王的御医菲利普·西尔威斯特·迪福和佩奇兰，巴黎医生比埃尔·佩蒂都是主要推手。很多文章、论文和诗歌都颂扬这种饮料的好处，甚至有崇拜者将它称为"来自亚洲的天赐圣物"，是治疗偏头痛、痛风和肾结石的灵丹妙药。

（六）茶叶催生美国独立战争

英国东印度公司不但将茶运往国内，还积极销往欧洲其他国家及其美洲殖民地。茶在17世纪中期传入欧洲各国后，商人们便十分卖力地宣扬饮茶的好处，因此贵族及富豪们都很乐意饮茶，而且以拥有中国茶为荣。1670年，英国东印度公司开始将茶贩卖到美洲新大陆。然而，早在1620年就有一批清教徒在今天美国马萨诸塞州登陆并定居下来，两年后他们向印第安人买下了当今的曼哈顿岛并改称新阿姆斯特丹城，当时他们即向荷兰东印度公司进口茶叶。1664年，新阿姆斯特丹城被英军占领并改称纽约，自此英国垄断了整个美洲的茶叶贸易，并培养了美洲人喝茶的习惯。17世纪末，波士顿的商店已开始贩卖武夷茶和红茶。英国统治者为了获取更大利润，便趁机提高茶叶税，使当地居民不堪重负。为抗议英国无故提高"红茶税"，1773年，一群激进的波士顿茶商乔装成印第安人，爬上停泊在波士顿港的英国东印度公司商船，将342箱中国茶抛入大海，此举激怒了不可一世的大不列颠王国，美国独立战争因此爆发，从而催生了一个世界大国的独立。

（七）中国茶种到印度大吉岭

18世纪中期以后，英国的茶叶需求量激增，而英国与中国在通商上又有种种限制，于是英国东印度公司便致力于在殖民地印度试种中国茶树。此前，与英国大打贸易战的荷兰，早已在殖民地印尼引种中国茶树，但成效不大。不过颇具讽刺意味的是，作为既得利益者的东印度公司，最初暗中阻挠印度种茶，目的是控制茶产量以免影响茶叶售价，所以茶园推广有限。1833年，英国开放国内市场后，茶叶需求量急剧上升，英国人眼看为购进中国茶付出大笔银两实在心疼，于是在殖民地印度大量种植鸦片，源源不断地出售给中国，借以平衡支出。后来，东印度公司派人潜入中国，掌握了茶的种植与红绿茶加工技术，并从中国偷运茶种与条苗、聘用技术工人和技师，终于在印度大吉岭种茶成功。这里不得不提到英国皇家植物园温室部负责人，被世人讽为"在中国人鼻子底下窃取茶叶机密"的冒险家罗伯特·福钧。

福钧受东印度公司派遣，于1848年6月20日前往香港。紧接着，英国驻印度总督达尔豪西侯爵采纳了植物学家詹姆森的建议，于1848年7月3日致函福钧，命令他：必须从中国盛产茶叶的地区挑选出最好的茶树和茶树种子，然后将茶树和茶树种子从中国运到加尔各答，再转运到喜马拉雅山，还必须尽一切努力招聘一些有经验的种茶人和茶叶加工者，否则无法在喜马拉雅山进行茶叶生产。1848年9月，福钧抵达上海。随后登上了以盛产绿茶闻名的黄山，并设法窃取了茶籽和茶苗。1849年2月12日，在途经香港时，福钧致函英国驻印度总督，表达了他想到著名的红茶产区武夷山去考察的意愿。获准后，他和随从又窜到武夷山，住宿在寺庙。他向寺庙和尚打听到一些茶道秘密，特别是泡茶对水质的要求。3年后，福钧完全掌握了种茶、制茶和饮茶的知识和技术，并从四川雅安聘请了8名茶工和技师，经康定、昌都、亚东等地，最后到达了印度大吉岭。到达大吉岭后，由于天气转暖茶籽很快发芽，仓促之下便将之全部播种在喜马拉雅山南坡。时至今日，中国茶种在印度只有大吉岭才有，也是源于此。

第二节　茶事诗词

茶事诗词可分为广义和狭义两类：广义的茶事诗词包括所有涉及茶事的诗词；狭义的茶事诗词是指主题是茶的诗词。人们通常所称的茶事诗词，大多是指广义的茶事诗词。

一、茶事诗词的特点

（一）数量多、题材广

中国茶事诗词，不但数量众多，而且题材广泛。历代众多的诗词家，爱茶、尚茶、写茶，把茶事全面渗透进诗词中。目前留存下来的众多茶事诗词，涉及茶文化的方方面面。据不完全统计，中国茶事诗词至少有上万首。钱时霖等编著的《历代茶诗集成》唐代卷、宋金卷，共收集茶诗6097首，其中唐代茶诗665首，宋代茶诗5315首，金代茶诗117首，茶诗作者共计1157人。

写名茶的有：李白的《答族侄僧中孚赠玉泉仙人掌茶》、王禹偁的《龙凤茶》、范仲淹的《鸠坑茶》、梅尧臣的《七宝茶》、文同的《谢人寄蒙顶茶》、苏轼的《月兔茶》、苏辙的《宋城宰韩文惠日铸茶》、于若瀛的《龙井茶》等。

写名泉的有：陆龟蒙的《谢山泉》、苏轼的《焦千之求惠山泉诗》、朱熹的《康王谷水帘》等。

写茶具的有：皮日休和陆龟蒙的《茶籝》《茶灶》《茶焙》《茶鼎》《茶瓯》等。

写烹茶的有：白居易的《山泉煎茶有怀》、皮日休的《煮茶》、苏轼的《汲江煎茶》、陆游的《雪后煎茶》等。

写品茶的有：钱起的《与赵莒茶宴》、白居易的《晚春闲居，杨工部寄诗、杨常州寄茶同到，因以长句答之》、刘禹锡的《尝茶》、陆游的《啜茶示儿辈》等。

写制茶的有：顾况的《焙茶坞》、陆龟蒙的《茶舍》、蔡襄的《造茶》、梅尧臣的《答建州沈屯田寄新茶》等。

写采茶和栽茶的有：姚合的《乞新茶》、张日熙的《采茶歌》、黄庭坚的《寄新茶与南禅师》、韦应物的《喜园中茶生》、杜牧的《茶山下作》、陆希声的《茗坡》、朱熹的《茶坂》、曹廷栋的《种茶子歌》等。

写颂茶的有：苏轼在《次韵曹辅寄壑源试焙新茶》中有"从来佳茗似佳人"，将茶比作美女；周必大在《酬五咏》中，写"从来佳茗如佳什"，将茶比作美食；秦观在《茶》中，写"若不愧杜蘅，清堪挦椒菊"，将茶比作名花；施肩吾在《蜀茗词》中，写"山僧问我将何比，欲道琼浆却畏嗔"，将茶比作琼浆。

写送茶的有：陆游自比同姓的"茶圣"陆羽，在《试茶》中称"难从陆羽毁茶论，宁和陶潜止酒诗"，表示宁可舍酒取茶；沈辽在《德相惠新茶奉谢》中认为"无鱼乃尚可，非此意不厌"，则表示愿意取茶舍鱼，这些都充分反映了诗人对茶的爱好。

此外，还有很多借茶抒发情感、抨击时世的诗词，此处不再一一枚举。

（二）别具匠心、体裁多样

由于诗词家匠心别具、情趣各异、风格不一，茶事诗词的体裁自然丰富多彩、各有千秋。现将一些典型体裁的茶事诗词辑录如下。

1. 寓言茶文

用寓言形式写茶诗文，引人联想，发人深省。唐代王敷著《茶酒论》，用了拟人化对话辩答的形式。"暂问茶之与酒，两个谁有功勋？"茶首先出来"对阵"，说自己是"百草之首，万木之花。贵之取蕊，重之摘芽。呼之名草，号之作茶。贡五侯宅，奉帝王家，时新献入，一世荣华。"谁知酒不服气，抢白道："自古至今，茶贱酒贵，单醪投河，三军告醉。君王饮之，叫呼万岁；君臣饮之，赐卿无畏。和死定生，神明歆气。"这种写茶、酒"对阵"的诗词文笔，还在一本清代笔记小说上出现过，这些文字相当有趣。

2. 宝塔茶诗

唐代元稹写过一首宝塔诗，题名《一字至七字诗·茶》。这种诗不但在茶诗中罕见，即便在文学作品中也不多见。整首诗从一个字开始，以后每一句增加一个字，并且不失诗意。这样写成的一首诗，其形式上尖下宽，呈宝塔形，故称宝塔诗。整首诗如下：

茶

香叶，嫩芽。

慕诗客，爱僧家。

碾雕白玉，罗织红纱。

铫煎黄蕊色，碗转曲尘花。

夜后邀陪明月，晨前命对朝霞。

洗尽古今人不倦，将至醉后岂堪夸。

这首宝塔诗原为一种杂体诗，它是一字句到七字句，或选两句为一韵，每句或每两句字数依次递增。全诗从茶的品质开始谈起，谈到人们对茶的喜爱、茶的煎煮，最后谈到茶的功用——"将至醉后岂堪夸"。整首诗不但妙趣横生，而且意味深长，更有新奇之感，堪称上乘佳作。

3. 回文茶诗

北宋文学家苏轼，一生写过茶诗数十首，用回文写茶诗，也是茶诗中的一绝。在《记梦回文二首（并序）》的"序"中，苏轼写道："十二月十五日，大雪始晴，梦人以雪水烹小团茶，使美人歌以饮，余梦中为作回文诗，觉而记其一句云：'乱点余花唾碧衫'，意用飞燕唾花故事也。乃续之，为二绝句云。"

酡颜玉碗捧纤纤，乱点余花唾碧衫。

歌咽水云凝静院，梦惊松雪落空岩。

空花落尽酒倾缸，日上山融雪涨江。

红焙浅瓯新火活，龙团小碾斗晴窗。

这首回文茶诗，顺着读和倒着读都成篇章，而且整首诗的含义相同。全诗充满了作者对茶的一片痴情。难怪苏轼在"序"中谈到自己连做梦都在饮茶作诗，他在另一首《试院煎茶》中写道："我今贫病长苦饥，分无玉碗捧蛾眉。"在"贫病"和"长苦饥"时，苏轼仍不忘"且学公家作茗饮，砖炉石铫行相随"，他心中想的仍然是与茶"行相随"。

4. 联句茶诗

在茶诗中，还有几个人共作一首诗的情况，称为联句茶诗。联句诗虽由几个人共同完成，但诗意连贯，相辅相成。在中国茶事联句诗中，最负盛名的当属唐代官至吏部尚书的颜真卿、嘉兴县尉陆士修、史官修撰张荐、庐州刺史李萼、诗僧昼（即皎然）和崔万等六人合著的《五言月夜啜茶联句》。整首诗如下：

泛花邀坐客，代饮引情言（士修）

醒酒宜华席，留僧想独园（荐）。

不须攀月桂，何假树庭萱（萼）。

御史秋风劲，尚书北斗尊（万）。

流华净肌骨，疏瀹涤心原（真卿）。

> 不似春醪醉，何辞绿菽繁（昼）。
>
> 素瓷传静夜，芳气满闲轩（士修）。

这首咏茶联句诗系六人合写，其中陆士修作首尾两句，共计七句。诗中描述的月夜饮茶情景，各自别出心裁，运用了与饮茶相关的一些代用词如"泛花""醒酒""流华""疏瀹""不似春醪""素瓷""芳气"等作成联句茶诗，在整个诗词界中都是不多见的。

5. 唱和茶诗

在数以万计的茶事诗词中，唐代文学家皮日休、陆龟蒙创作了《茶中杂咏》唱和诗，即《茶坞》《茶人》《茶笋》《茶籝》《茶舍》《茶灶》《茶焙》《茶鼎》《茶瓯》《煮茶》十首古诗，这是一份十分珍贵的茶文化文献。皮日休在《茶中杂咏》序中云："茶之事，由周至于今，竟无纤遗矣。昔晋杜育有《荈赋》，季疵有《茶歌》，余缺然于怀者，谓有其具而不形于诗，亦季疵之馀恨也，遂为十咏，寄天随子。"即皮日休创作了十首五言古诗表达茶事，寄给朋友陆龟蒙。接到皮日休创作的《茶中杂咏》十首诗后，陆龟蒙随即创作了《奉和袭美茶具十咏》相和。陆龟蒙创作的每首诗的题目，都与皮日休相同，形成对应关系。

另外，素有"爱茶人"之称的大诗人苏轼，与狮峰龙井茶开山鼻祖、龙井寿圣院辩才和尚二人所作的唱和诗，也为茶人赞不绝口。北宋元祐七年（1092年），朝廷召回时任杭州太守的苏轼返京。离开杭州前，苏轼前往龙井寿圣院辞别辩才，并夜宿院内，次日才告别。据称辩才忘记了自己定下的送客不过溪的规定，送过了归隐桥，步下了风篁岭。事后，二人还专门以诗相和。

诗中充分表达了二位挚友"煮茗款道论""永记二老游"的深情厚谊。后来，辩才还在老龙井旁建亭，以示纪念。后人称之为"过溪亭"，又称"二老亭"；并将辩才送苏轼过溪经过的归隐桥，称为"二老桥"。

北宋元祐八年（1093年），辩才圆寂于龙井寿圣院，弟子为他在院旁的山坡上建造了辩才墓塔，以便后人参谒。北宋散文大家、苏轼之弟苏辙，亲自作墓志铭以资纪念。

（三）影响深远、佳作连篇

中国的茶事诗词，茶人爱读，诗人爱诵，老百姓爱听。有的茶诗，影响深远，流传千古。最引人入胜的，当数唐代卢仝创作的《走笔谢孟谏议寄新茶》，又称《七碗茶歌》。诗中除感谢孟谏议寄新茶，以及对辛勤采制茶叶的老百姓的深切同情外，其余都是煮茶和饮茶的体会。由于茶味好，诗人一连饮了七碗，每饮一碗，都有一种新的感受："一碗喉吻润，两碗破孤闷。三碗搜枯肠，惟有文字五千卷。四碗发轻汗，平生不平事，尽向毛孔散。五碗肌骨清。六碗通仙灵。七碗吃不得也，唯觉两腋习习清风生。"卢仝生动地描述了各种不同的饮茶感受，对提倡茶饮产生了深远的影响。唐代以后，卢仝连同"七碗茶歌"一起为后人所传颂，他亦被后人称为茶中亚圣。宋代范仲淹在《和章岷从事斗茶歌》、梅尧臣在《尝茶和公仪》、苏轼在《游诸佛舍，一日饮酽茶七盏，戏书勤师壁》、元代耶律楚材在《西域从王君玉乞茶，因其韵七首》等诗中，都有对卢仝茶歌的推崇。此外，还有诗人根据卢仝七碗茶诗的意境，仿写了类似诗句。如北宋沈辽《德相惠新茶复次前韵奉谢》的"一泛舌已润，载啜心更惬"与卢仝七碗茶诗的头两句类同；刘秉忠《尝云芝茶》的"待将肤凑浸微汗，毛骨生风六月凉"与卢仝七碗茶诗的四、五句相似。又如，明代诗人潘允哲创作的《谢人惠茶》等茶诗，也与卢仝七碗茶诗类同。继卢仝之后，唐代诗人崔道融创作了《谢朱常侍寄贶蜀茶剡纸二首》："一瓯解却山中醉，便觉身轻欲上天。"即崔道融认为茶可醒酒，使人轻健。宋代苏轼创作了《赠包安静先生茶二首·其二》："奉赠包居士，僧房战睡魔。"陆游创作了《试茶》："睡魔何止避三舍，欢伯直知输一筹。"可见，苏轼、陆游二人都认为茶有"破睡之功"；黄庭坚创作了《寄新茶与南禅师》："筠焙熟香茶，能医病眼花。"认为茶可以治"眼花"的毛病。此外，陆游的《谢王彦光提刑见访并送茶》、刘禹锡的《西山兰若试茶歌》等茶诗，都论及茶的功效。

二、历代著名茶诗

（一）晋代咏茶诗

杜育的《荈赋》是我国最早专门咏茶的诗作。诗中描述生于高山的奇产"荈草"即是茶，"沫沉华浮。焕如积雪，晔若春敷"，描述的是茶汤形态、色泽之美。

（二）唐代咏茶诗词

咏茶诗始于唐代，在唐代以前，诗人仅在诗歌吟唱中咏及茶。唐代最早的咏茶诗应是李白创作的《答族侄僧中孚赠玉泉仙人掌茶并序》，诗中所称玉泉仙人掌茶产于湖北当阳玉泉寺。他在序言中写道：唯玉泉真公常采而饮之，年八十余岁，颜色如桃花。而李白因侄子中孚禅师赠送仙人掌茶，遂作此诗予以答谢。

皎然是茶圣陆羽的好朋友，二人多有茶诗酬唱。皎然在《饮茶歌诮崔石使君》中生动描述了"一饮涤昏寐""再饮清我神""三饮便得道"的神仙般感受，赞誉剡溪茶（产于今浙江嵊州、新昌一带）清郁隽永的香气、甘露琼浆般的滋味，与卢仝的《饮茶歌》有异曲同工之妙。

刘禹锡的《西山兰若试茶歌》提到："斯须炒成满室香，便酌砌下金沙水。"从诗中对采茶、炒茶、煎茶的描绘可知，当时除了用蒸青法制团饼茶，还用炒青法制散茶，并直接煎饮散茶。

李郢的《茶山贡焙歌》云："半夜驱夫谁复见，十日王程路四千。到时须及清明宴，吾君可谓纳谏君。"这首诗生动描述了督办贡茶扰民及服这种劳役的繁重场景，体现了诗人对服贡茶劳役者的深切同情。

（三）宋代咏茶诗

苏轼的《汲江煎茶》云："活水还须活火烹，自临钓石取深清。"诗人烹茶的水，是亲自到钓石边从深处汲来，并用活火煮沸。苏轼对烹茶水温的掌握十分讲究，不许有些许差池。

陆游的《雪后煎茶》写道："雪液清甘涨井泉，自携茶灶就烹煎。"描绘了诗人烹茶择水随遇而安的情趣。陆游爱茶嗜茶，是生活和创作的需要。

（四）元代咏茶诗

虞集《次邓文原游龙井》中的"烹煎黄金芽，不取谷雨后"，直接将虞集送上了诗夸龙井茶第一人的宝座。虞集系元代文学家，其诗文和生平活动与茶有关联的不多，但这首诗却是赞颂龙井茶的奠基之作，值得在我国名茶史上记上一笔。

第三节　《茶经》

《茶经》分上、中、下三卷，共10章7000余字。上卷"一之源"主要介绍茶的起源、性状、名称、功效以及茶与生态环境的关系；"二之具"记载采制茶叶的工具；"三之造"论述茶叶的采摘时间与方法、制茶方法及茶叶的种类和等级。中卷"四之器"，阐述煮茶、饮茶的用具和全国主要瓷窑产品的优劣。下卷"五之煮"，阐述烤茶和煮茶的方法以及水的品第；"六之饮"阐述饮茶的历史、茶的种类、饮茶风俗；"七之事"杂录古代茶的故事和茶的药效；"八之出"论述当时全国著名茶区的分布及其评价；"九之略"讲述采茶、制茶、饮茶用具，何种情况下应十分完备或可以省略；"十之图"主张将《茶经》绘在绢帛上并张挂于店旁墙壁上，指导茶的产、制、烹、饮各环节。《茶经》是陆羽对唐代以前中国有关茶业的丰富经验，用客观真实的科学态度进行的全面、系统性的总结。《茶经》一开篇就记述了茶树的起源，为论证茶起源于中国提供了历史资料。《茶经》中关于茶树的植物学特征，描写得形象而又确切。在茶树栽培方面，陆羽特别注意土壤条件和嫩梢性状对茶叶品质的影响，这个结论至今已被科学分析所证实。茶树芽叶是"紫者上，绿者次；笋者上，芽者次；叶卷上，叶舒次"。这种芽梢生长过程中的芽叶特征与品质相关性的论述不仅正确且仍有现实意义。《茶经》论述茶的功效时指出，茶的收敛性能使内脏出血凝结，在热渴、脑疼、目涩或百节不舒时，饮茶四五口，其消除疲劳的作用可抵醍醐甘露。

《茶经》"六之饮"中记载了唐代除有团饼茶外，还有散叶茶、末茶等，这对研究中国制茶历史很有帮助。《茶经》"二之具""三之造"中，详细记述了当时采制茶叶必备的各种工具，同时将当时主要茶类——饼茶的采制分为七道工序，将饼茶的质量根据外形光整度分为八等。《茶经》"八之出"中，将唐代茶叶产地分成八大茶区，并对茶叶品质进行了比较，这在当时交通十分不便的情况下，能得出这样的调查研究结论是相当难得的。《茶经》还广泛收集了中唐以前关于茶叶文化的历史资料，遍涉群书，博采众家之长，为后世留下了十分宝贵的茶文化历史遗产。《茶经》"七之事"中，记载了古代茶事47则，援引书目达40余种，记载中唐以前的历史人物30余人，有力地证明了中国是发现和利用茶最早的国家。《茶经》还援引了《广雅》中关于荆巴间制茶、饮茶的记载，这些都是很难得的历史资料。《茶经》内容非常丰富，包括植物学、农艺学、生态学、生化学、药理学、水文学、民俗学、训诂学、史学、文学、地理学以及铸造、制陶等方面的知识，并辑录了现已失传的一些珍贵典籍片段。故《茶经》被誉为"茶学百科全书"。由于《茶经》梳理总结出了茶叶科学的某些规律并使之系统化、理论化，很多内容至今仍具有研究和指导实践的重要价值和意义。自1200多年前问世以来，《茶经》就广为传播，目前国内外流传的《茶经》版本高达百余种，千百年来一直被国内外茶学界奉为经典巨著。陆羽本人永垂青史，其著作芳韵永存。

一、茶之源

茶是生长在我国南方的优良树种，树高从一尺到数十尺不等。在巴山峡川一带，有树干粗到需两人合抱的古茶树，需砍下枝条才能采摘嫩叶。茶树外形似瓜芦，叶片像栀子叶，花朵如白蔷薇，果实类似棕榈籽，果蒂状如丁香，根部纹理与胡桃树根相似。

"茶"这个字，古代写法有的带草字头，有的带木字旁，也有草、木并用的结构。茶的名称有五种：一是"茶"，二是"槚"，三是"蔎"，四是"茗"，五是"荈"。

茶树生长的土壤品质分三等：最上等的生长在风化碎岩壤土中，中等的生长于栎树林腐殖土，下等的生长在黏重黄土里。若种植方法不当（如播种过密或覆土不实），茶树便难以茂盛。栽培方式类似种瓜，三年后可采摘。野生茶叶品质最佳，人工园栽次之；生长在向阳坡面且有林木遮阴的茶树，紫色嫩叶为上品，绿色次之；芽头肥壮似笋者优，细弱单芽者次；叶片反卷的茶青优质，平展的稍逊。至于背阴山谷的茶树，茶叶质地凝滞，饮用易引发腹中结块的病症，不宜采摘。

茶作为饮品，性味极寒，最适合品行高洁、崇尚俭德之人饮用。若遇暑热烦渴、胸闷头昏、眼睛干涩、四肢酸重或周身关节不适时，轻啜几口茶汤，其清润之效堪比佛经中的醍醐（酥油精华）与甘露（天降甘霖），能涤荡身心。

若采茶不合时令、制茶工艺粗劣，或混入杂草，饮用后会引发疾病。茶的品质差异如同人参：上品产自上党（今山西长治），中品产自百济、新罗（今朝鲜半岛），下品产自高丽（今辽东至朝鲜北部）。至于泽州、易州、幽州、檀州（今华北地区）所产人参，药效微弱，更别提其他地区了！若误将形似人参的荠苨（桔梗伪品）当药服用，疾病难以治愈。明白人参因产地优劣而影响药效的道理，便知劣茶危害的根源。

二、茶之具

籝（采茶竹器）：又称篮、笼、筥，是用竹篾编织的容器，容量有五升、一斗、二斗、三斗等规格，采茶人背负着它来采摘茶叶。

炉灶（制茶用）：不需要设置烟囱的。

锅（煎茶用）：须选用口沿外翻的（便于倾倒茶汤）。

甑（蒸茶用）：用木或陶制成，腰部不用箍泥加固。内置竹编蒸屉（箅），用篾条固定于甑内。蒸茶时，鲜叶铺于屉上；蒸熟后取出。当锅底水将烧干时，需向甑内补水，并用三叉树枝翻动蒸透的茶芽与叶片，以防茶汁流失。

杵臼（捣茶工具）：又称碓，以长期使用、磨合顺手的为佳。

规（制茶模具）：又称模、棬，用铁铸造而成，形状有圆形、方形或带花纹的样式。

承（制茶台座）：又称台、砧，通常用石材制作。若不用石制，则选用槐木或桑木，将其半截埋入地下，确保稳固不晃动。

襜（制茶衬布）：又称衣，用油绢、防雨布或破损的旧单衣制成。使用时将衬布铺在台座上，再将模具置于衬布上，以便压制茶饼。茶饼成型后，提起衬布即可轻松脱模更换。

芘莉（晾茶竹器）：又称籝子、蒡筤，用两根小竹竿制成：竹竿全长三尺，其中主体部分长二尺五寸，手柄部分长五寸。以竹篾编织成方形网眼，形似园丁用的土筐，筐体宽二尺，用于摊晾茶叶。

棨（制茶穿孔工具）：又称锥刀，刀柄用硬木制成，用于在茶饼中心穿孔（便于烘干或穿绳成串）。

扑（制茶拍打工具）：又称鞭，用竹子制成，用于穿透茶饼以便分解。

焙（烘干茶饼的设施）：在地面挖凿深二尺、宽二尺五寸、长一丈的坑道，上方砌筑高二尺的矮墙，墙面抹泥加固。

贯（穿茶竹签）：用削制的竹条制成，长二尺五寸，用于串起茶饼以便烘焙。

棚（烘干架）：又称栈，用木料搭建于焙坑上方，分上下两层，每层高一尺，用于分层烘干茶饼。茶饼半干时移至下层，全干后移至上层。

穿（茶饼穿串工具）：江东、淮南地区剖竹制成；巴山峡川一带则用穀树皮搓绳制作。江东地区以一斤茶饼为一大串，半斤为一中串，四五两为一小串。峡中地区以一百二十斤茶饼为一大串，八十斤为一中串，四五十斤为一小串。"穿"字旧时写作"钏"（钗钏的"钏"），或作"串"。如今不再如此，而是像"磨、扇、弹、钻、缝"五字，书写为平声，读音为去声，字义以"穿"为准。

育（茶饼储存器）：用木料作框架，竹篾编织器壁，外糊纸密封。内部设隔层，顶部有盖，底部有托架，侧面开一门，可关闭一扇。内置一容器，盛放炭火灰烬，保持微温状态。江南梅雨季节，需生火驱湿。

三、茶之造

采茶通常在二月、三月、四月间进行。茶芽如笋者，生长于风化碎岩沃土中，长至四五寸，形似薇、蕨初抽嫩芽，趁晨露未干时采摘。茶芽生于灌木丛中，有三枝、四枝、五枝并生的，选择其中挺拔者采摘。采茶当日，雨天不采，晴天有云也不采，唯有晴朗天气方可采摘。采后依次进行蒸制、捣碎、压模、烘焙、穿串、封装，直至茶叶完全干燥。

　　茶叶形态千差万别，粗略而言，有的如胡人皮靴，褶皱紧缩；有的似野牛胸肉，纹理分明；有的如浮云出山，盘旋卷曲；有的如微风拂水，涟漪荡漾。这些茶叶如同陶工筛洗细腻陶土，或如新垦土地经暴雨冲刷后留下的精华，皆为茶中上品。有的茶叶形似竹笋壳，枝干硬实，难以蒸捣，故其外形粗糙松散；有的如霜打荷叶，茎叶枯败，形态萎靡。此类茶叶皆属粗老劣质。

　　从采摘到封装，茶叶需经七道工序。从"胡靴"到"霜荷"，茶叶形态分为八等。仅以外观乌黑平整评判优劣，是低级的鉴别方法；以皱缩黄暗、凹凸不平为佳，是稍高明的鉴别；若能全面评价茶叶优缺点，才是最高明的鉴别。为何？因茶汁外溢则显光泽，内含茶汁则显皱缩；隔夜制作则色黑，当日制成则色黄；蒸压紧实则外形平整，任其自然则凹凸不平。茶叶与普通树叶并无本质区别。茶叶品质优劣，关键在于制茶技艺的掌握。

四、茶之器

　　风炉：风炉用铜或铁铸造，形如古鼎。炉壁厚三分，口沿宽九分，炉内留六分空腔，便于涂抹耐火泥。炉有三足，每足都铸有古文字，共二十一字。一足刻："坎上巽下离于中"；一足刻："体均五行去百疾"；一足刻："圣唐灭胡明年铸。"三足之间开三窗，底部一窗用于通风漏灰。炉口上方铸六字古篆：一窗上刻"伊公"，一窗上刻"羹陆"，一窗上刻"氏茶"，合为"伊公羹，陆氏茶"。炉内设三格：一格绘翟（火鸟），旁画离卦；一格绘彪（风兽），旁画巽卦；一格绘鱼（水虫），旁画坎卦。巽主风，离主火，坎主水，风能助火，火能煮水，故以三卦象征烹茶原理。炉身装饰以连枝花卉、垂蔓藤纹、曲水方纹等图案。风炉既可用熟铁锻造，也可用陶土烧制。灰承（接灰盘）为三足铁盘，托于炉下。

　　筥（茶具筥）：用竹篾编织，高一尺二寸，直径七寸。也可用藤条，以木制模具辅助编织，筥身有六角形网眼。筥底与筥盖如利箧（箱箧）般平整，边缘打磨光滑。

　　炭挝（拨火工具）：用六棱铁条制成，长一尺，前端尖细，中部握柄较细，末端系一小环作装饰，形似河陇地区军人用的木吾（木棒）。也可制成槌状或斧状，依个人习惯选用。

　　火筴（火钳）：又名箸，形似日常使用的长筷，通体圆柱形，长一尺三寸（约43厘米）。顶端平直无装饰，无葱头状凸起或钩锁等附件，用铁或精炼铜制成。

　　鍑（茶釜）：用生铁铸造。如今有专门从事冶铸的工匠，选用所谓"急铁"（即废耕犁回炉重炼的铁料）铸造。釜内壁抹耐火泥，外壁抹沙。内壁光滑便于清洗，外壁粗糙利于吸热。釜耳设计为方形，确保放置平稳；口沿宽大，便于倾倒；釜腹深长，利于集中火力。腹深则水沸于中心，茶末易扬，茶汤滋味醇厚。洪州（今江西）用瓷制釜，莱州（今山东）用石制釜。瓷釜与石釜虽雅致，但质地脆弱，难以持久。银釜虽洁净，但过于奢华。雅致固然雅致，洁净也足够洁净，但若长期使用，终究以铁釜最为实用。

交床（茶釜支架）：用两根木条十字交叉，中间挖空，用以支撑茶釜。

夹（茶夹）：用小青竹制成，长一尺二寸。竹节以上一寸处剖开，用于夹取茶饼烘烤。嫩竹在火烤下渗出竹沥，其清香可增添茶味。若非山林间，恐难觅此物。也可用精铁或熟铜制作，取其经久耐用。

纸囊（茶饼储存袋）：用剡溪所产藤纸（质地白厚者）双层缝制，用于存放烤好的茶饼，防止香气散佚。

碾（茶碾）：碾槽以橘木制作，次选梨木、桑木、桐木、柘木。碾槽内圆外方：内圆便于碾轮运转，外方防止倾倒。碾槽内壁与碾轮紧密贴合，外壁无多余部分。碾轮形如无辐车轮，中心贯轴。碾槽长九寸，宽一寸七分。碾轮直径三寸八分，中心厚一寸，边缘厚半寸。轴中部为方形便于固定，两端为圆形便于手持。拂末（扫茶工具）用鸟羽制作。

罗合（茶粉筛具）：将筛好的茶末放入盒中，盒内置茶匙（则）。罗筛用粗竹剖开弯曲成圈，覆以纱绢作筛网。茶盒用竹节或杉木弯曲制成，外涂漆。盒高（深）三寸，盖高一寸，底高二寸，口径四寸。

则（茶匙）：用海贝、牡蛎壳或铜、铁、竹制匕、策等材料制作。则，意为量取、标准、度量。通常煮一升水，取一方寸匕的茶末，口味清淡者可减少，喜好浓茶者可增加。故称"则"。

水方（盛水容器）：用椆木、槐木、楸木、梓木等板材拼合，内外接缝处均涂漆。容量为一斗。

漉水囊（滤水器）：形似日常用具。滤网用生铜铸造，以防锈蚀，避免滋生苔藓或产生腥涩味；熟铜易生苔，铁质易腥涩。山林隐士或有用竹木制作者，但竹木不耐久且不便携带，故以生铜为佳。滤袋用青竹篾编织成卷，裁碧色细绢缝制，缀以翠钿装饰，另配绿油布套收纳。滤网直径五寸，柄长一寸五分。

瓢（舀水勺）：又称牺杓，用葫芦剖开制成，或以木料雕刻。晋代舍人杜毓《荈赋》云："酌之以匏。"匏即瓢，口阔、壁薄、柄短。永嘉年间，余姚人虞洪入瀑布山采茶，遇一道士自称丹丘子，嘱其日后以瓯牺之余茶相赠。牺即木杓，今常用梨木制作。

竹筴（搅拌器）：用桃木、柳木、蒲葵木或柿心木制成，长一尺，两端包银。

鹾簋（盐罐）：用瓷制成，直径四寸，形如盒状。或为瓶形、罍形，用于盛放盐花。其揭（盐匙）用竹制，长四寸一分，宽九分。揭即盐匙。（煮茶之时，需备鹾簋以贮盐，用以调和茶味。）

熟盂（盛沸水的容器）：用于存放沸水。材质或瓷或陶，容量二升。

碗（茶碗）：越州（今浙江绍兴）所产最佳，鼎州（今陕西泾阳）、婺州（今浙江金华）次之；岳州（今湖南岳阳）所产亦佳，寿州（今安徽寿县）、洪州（今江西南昌）次之。有人认为邢州（今河北邢台）瓷优于越州瓷，实为谬误。若邢瓷似银，则越瓷似玉，此邢不如越之一；若邢瓷似雪，则越瓷似冰，此邢不如越之二；邢瓷白而茶汤显红，越瓷青而茶汤显绿，此邢不如越之三。晋代杜毓《荈赋》云："器择陶拣，出自东瓯。"瓯即越州，越州瓷最佳，其碗口沿不外翻，底足外翻且浅，容量不足半升。越州瓷、岳州瓷皆呈青色，青色衬托茶汤，茶汤呈红白色。邢州瓷白，茶汤显红；寿州瓷黄，茶汤显紫；洪州瓷褐，茶汤显黑，皆不适宜盛茶。

畚（碗篮）：用白蒲草编织而成，可存放十只茶碗，或用竹筥代替。其衬纸用剡溪纸双层缝制，裁成方形，亦以十张为一组。

札（洗刷工具）：用棕榈皮搓成绳，以茱萸木夹紧捆扎，或截竹管束成束，形如大号毛笔。

涤方（废水容器）：用于存放洗涤废水。用楸木板拼合，形制如水方，容量八升。

滓方（茶渣容器）：用于收集茶渣，形制如涤方，容量五升。

巾（茶巾）：用粗绸布制作。长二尺，备两条交替使用，用于擦拭茶具。

具列（茶具架）：或制成床形，或制成架形。材质或纯木、纯竹；或木竹混制，可涂黄黑漆并加锁。长三尺，宽二尺，高六寸。用于收纳所有茶具，整齐陈列。

都篮（茶具提篮）：因可收纳全部茶具而得名。用竹篾编织，内层为三角形网眼，外层以宽篾为经线，细篾为纬线，交替编织成方形网眼，结构精巧。篮高一尺五寸，底宽一尺，底高二寸，长二尺四寸，宽二尺。

五、茶之煮

炙烤茶饼时，切勿在有风吹动余火的场所烘烤，火苗如锥刺般飘忽，会导致受热不均。手持茶饼贴近火源，反复翻转，待表面烤出如土丘状凸起的蛤蟆背般小泡时，将茶饼移至离火五寸处稍烘。若茶饼卷曲处重新舒展，需移回原位复烤。火烘茶饼以水汽散尽为度，日晒茶饼则以质地回软为佳。

（炙茶时）若为极嫩的茶叶，蒸青后趁热捣碎，叶片虽烂但芽尖（芽笋）仍保持完整。此时芽尖质地坚韧，即使壮汉用千钧重的杵也无法捣烂，如同涂漆的圆珠，壮士触碰亦难握稳。捣制完成后，茶叶已无硬梗残留。炙烤时，茶饼表面形成的纹路如同婴儿手臂般柔嫩。炙好后立即用纸囊包裹，锁住茶香精华，待冷却后再碾成茶末。

煮茶用火，首选木炭，其次选用坚实耐烧的硬木柴。若木炭曾沾染过油脂腥膻，或含油脂的木材（如松柏）、腐朽的旧木器，皆不可用。古人所谓"劳薪（反复使用的旧柴）有异味"，确实如此！

煮茶用水，以山泉水为最佳，江水次之，井水最次。山泉水中，应选择钟乳石间渗出的泉水或石池中缓慢漫流的活水；瀑布急流处的水不可饮用，长期饮用易患颈部疾病。若山谷中有积滞不泄的静水，自盛夏至霜降前，可能滋生毒素，饮用前需开沟疏导，排尽污水，待新泉涌流后再取用。江水应取远离人居的江段，井水则选常被汲取的活井。

水沸腾时，初现如鱼眼般的小泡并伴有轻微声响，为第一沸；锅缘水泡如泉涌连珠，为第二沸；水面翻腾起浪，为第三沸。三沸之后，水已过老，不可再用于煮茶。初沸时，按水量比例调入盐调味，舀去浮沫（避免茶汤含咸涩杂味）。第二沸时，舀出一瓢沸水备用，用竹箂在锅心快速搅动形成漩涡，将茶末对准漩涡中心投入。待水势如奔腾的波涛溅起沫子，倒入先前舀出的沸水止沸，以保留茶汤精华。

分茶入碗时，须使茶沫均匀分布。茶沫是茶汤的精华：稀薄者称"沫"，厚重者称"饽"，轻盈细腻者称"花"。"沫"如绿萍浮于水岸，又如菊花瓣飘落杯盏；"花"似枣花轻漾于环池水面，或如曲折潭渚初生的青萍，亦如晴空下片片鱼鳞状浮云；"饽"则是茶末煮沸后反复激荡出的厚重泡沫，洁白如积雪。《荈赋》所言"明亮似积雪，灿烂如春日繁花"，正是此景。

初次煮沸的水，需撇去浮沫。此时水面若形成如黑云母般的薄膜，饮用则茶味不正。第一道煮出的茶汤最为醇厚（称为"隽永"），可舀入熟盂备用，用于后续止沸或增添茶味。茶汤品质依次递减：第一、二、三碗尚可饮用，第四、五碗滋味寡淡，若非极度口渴不必饮用。通常一升水煮茶分五碗，需趁热连续饮用，因茶汤中厚重物质沉底，精华浮于上层。若茶汤冷却，精华随热气散失，即便饮用也难以吸收其养分。

茶的本性适宜用少量水冲泡，不宜用过多水，水量过多则茶味淡薄无味。好比一大碗茶，喝到一半时滋味已寡淡，更何况水量过多呢！

（茶汤）色泽浅黄，香气清雅，滋味甘甜者，称为"槚"（嫩茶）；滋味不甜而显苦涩者，称为"荈"（老叶茶）；入口微苦而后回甘的，方为真茶。

六、茶之饮

有翼能飞的（鸟）、有毛善走的（兽）、开口能言的（人），这三类生命皆依存于天地，靠饮食维系生存，而饮用的意义何其深远！解渴时饮水，消愁时饮酒，驱除困倦时饮茶。

茶作为饮品，起源于神农氏，周代鲁国公时已有记载。春秋齐国晏婴、汉代扬雄与司马相如、三国东吴韦曜、晋代刘琨、张载、陆纳、谢安、左思等名士，皆有饮茶记载。饮茶之风渐入世俗，至唐代臻于鼎盛，长安、洛阳及荆州、渝州一带，家家户户皆饮茶成习。

饮茶方式有粗茶（叶茶）、散茶（散叶）、末茶（茶粉）、饼茶（茶饼）之分。制茶时需经砍碎、熬煮、烘干、舂捣等工序，将茶贮于瓶罐中，以沸水冲泡，称为"痷茶"（类似浸泡茶）。或加入葱、姜、枣、橘皮、茱萸、薄荷等配料，长时间熬煮至百沸，或搅拌令其顺滑，或撇去浮沫，这等茶汤无异于沟渠废水，然民间却沿袭成俗。

唉！天地孕育万物，皆有精妙之处，而人类所掌握的技艺往往流于浅易。居所追求房屋之极精，衣着追求服饰之极精，饮食追求酒馔之极精；而饮茶则需攻克九大难关：一为制茶，二为鉴茶，三为择器，四为选火，五为择水，六为炙茶，七为碾末，八为烹煮，九为品饮。阴雨天采摘、夜间烘焙，违背制茶之法；仅凭咀嚼辨味、嗅闻判香，并非鉴茶正道；沾染腥膻的锅与碗，绝非合宜茶器；油脂木柴或厨房炭火，不可用作茶火；急流积水，非烹茶良水；外熟内生的茶饼，炙烤不当；茶末粗若青粉、细如浮尘，碾制失度；匆忙搅动茶汤，烹煮技法谬误；夏日狂饮、冬日停饮，背离饮茶时序。

茶品珍稀鲜美、香气浓烈的，分茶三碗；品质次一等的，分茶五碗。若座中有五位客人，分三碗；七位客人，分五碗；若客人在六人以下，不必限定碗数，但按实际人数减少一碗，用预留的"隽永"茶汤补足缺少的一碗量即可。

七、茶之事

三皇：此处指炎帝神农氏（传说中三皇之一）。

周代：鲁国公姬旦（周公）、齐国宰相晏婴。

汉代：仙人丹丘子、隐士黄山君，文园令司马相如，执戟郎扬雄。

东吴：归命侯孙皓，太傅韦曜（字弘嗣）。

晋代：晋惠帝司马衷，司空刘琨及其侄兖州刺史刘演，黄门侍郎张载（字孟阳），司隶校尉傅咸，太子洗马江统，参军孙楚，记室左思（字太冲），吴兴太守陆纳及其侄会稽内史陆俶，冠军将军谢安（字安石），弘农太守郭璞，扬州刺史桓温，舍人杜毓，武康小山寺僧人法瑶，沛国夏侯恺，余姚虞洪，北地傅巽，丹阳弘君举，新安任育长，宣城秦精，敦煌单道开，剡县陈务之妻，广陵老妇，河内山谦之。

北魏：琅琊人王肃。

南朝宋：新安王刘子鸾，其弟豫章王刘子尚，鲍照之妹鲍令晖，八公山僧人谭济。

南朝齐：世祖武皇帝萧赜（齐武帝）。

南朝梁：廷尉刘孝绰，隐士陶弘景。

本朝（唐代）：英国公徐勣（李勣）。

《神农食经》记载："长期饮茶，可使人身体强健，精神愉悦。"周公所著《尔雅》解释："槚，即苦茶。"

《广雅》记载："荆州与巴蜀一带将茶叶制成茶饼，若茶叶较老，则以米浆黏合成型。煮茶时，先将茶饼烤至焦红，捣碎成末，置入瓷器中以沸水冲泡，并加入葱、姜、橘皮调味。此茶可醒酒，饮后令人精神振奋，难以入眠。"

《晏子春秋》记载："晏婴担任齐景公的宰相时，饮食简朴，仅吃糙米饭，配以烤三只鸟、五个蛋，以及茶（茗）和蔬菜。"

司马相如《凡将篇》列举药材："乌头、桔梗、芫花、款冬花、贝母、黄柏、蒌叶、黄芩、甘草、芍药、肉桂、漏芦、蜚蠊、萑菌、茶（荈诧）、白敛、白芷、菖蒲、芒硝、莞草、花椒、茱萸。"

《方言》记载："蜀地西南一带的人称茶为'蔎'。"

《吴志·韦曜传》记载："孙皓每次设宴，规定在座者必须饮满七升酒，即便不能喝完，也要强行灌尽。韦曜酒量不过二升，孙皓起初因礼遇优待，暗中赐茶给他代替酒饮。"

现代《晋中兴书》记载："陆纳任吴兴太守时，卫将军谢安曾欲拜访他（《晋书》记载陆纳时任吏部尚书）。陆纳的侄子陆俶见叔父未做款待准备，不敢询问，便私下备好十余人份的宴席。谢安到来后，陆纳仅奉茶与果品招待。陆俶却摆出丰盛酒肴，山珍海味俱全。待谢安离去，陆纳以杖责打陆俶四十下，训斥道：'你既不能为叔父增光，为何玷污我素来清廉的作风？'"

《晋书》记载："桓温担任扬州牧时，生性节俭，每次设宴待客，只摆上七盘茶点招待。"

《搜神记》记载："夏侯恺因病去世，其同族名为苟奴者能通灵见鬼，目睹夏侯恺的鬼魂归来牵走马匹，并使其妻患病。夏侯恺鬼魂头戴平上帻（一种头巾），身着单衣，坐在生前所用西墙边的大床上，向人索要茶饮。"

刘琨在《与兄子南兖州刺史演书》中写道："先前收到安州所产干姜一斤、肉桂一斤、黄芩一斤，这些都是我需要之物。我体内郁结烦闷，常需依赖真茶缓解，你可为我置办些寄来。"

傅咸在《司隶教》中写道："听闻南方有一蜀地老妇制作茶粥贩卖，负责监察的官吏却砸毁她的器具。后来她改在市集卖饼，为何又禁止茶粥贩卖以刁难这老妇？"

《神异记》记载："余姚人虞洪进山采茶，遇见一位道士牵着三头青牛，带虞洪到瀑布山，说道：'我是丹丘子，听说你善于备茶，一直想得你馈赠。山中有一株大茶树，可供你采摘，望你日后若有茶汤盈余，能赠我些许。'虞洪于是设立祭坛供奉丹丘子，后来常让家人入山，果然采得这株大茶树所产的茶。"

左思《娇女诗》中写道："我家有娇俏小女，肌肤白皙透亮。幼女名叫纨素，口齿伶俐清晰。长女名为蕙芳，眉目如画明艳。嬉戏穿梭于园林，未熟果实便摘下。贪看花丛冒风雨，片刻往返千百次。心念煮茶事急切，对着茶鼎吹火忙。"

张孟阳《登成都楼诗》写道："敢问此处可是扬雄旧居？遥想当年司马相如宅邸。程郑、卓王孙累财千金，骄奢堪比王侯。门前车马络绎，宾客锦带佩吴钩。珍馐玉鼎随时进献，百味调和精妙绝伦。穿林采摘秋橘，临江垂钓春鱼。鱼子酱胜似龙肉羹，吴地佳肴美过蟹酱。香茶冠绝六饮（水、浆、醴、凉、医、酏），醇味名扬九州。人生若求安乐，此方水土足可怡情。"

傅巽《七诲》列举各地名产："蒲陶（葡萄）、宛柰（宛地苹果），齐地柿子、燕地栗子，恒阳黄梨，巫山红橘，南中茶叶，西域冰糖。"

弘君举《食檄》载："主客寒暄礼毕，应奉上如霜似雪的清茶；酒过三巡后，依次呈上甘蔗汁、木瓜露、元李浆、杨梅饮、五味汤、橄榄露、悬豹脯、葵菜羹各一盏。"

孙楚《歌》中写道："茱萸生于芳树之巅，鲤鱼出自洛水清泉。白盐产自河东之地，优质豆豉源出鲁渊。姜、桂、茶、老茶皆出巴蜀，花椒、柑橘、木兰生于高山。蓼蓝、紫苏长于沟渠，精米稗子产自良田。"

华佗《食论》记载："长期饮用苦茶，有益于保持思维清晰。"

壶居士《食忌》记载："长期食用苦茶可羽化登仙；若与韭菜同食，则使人身体沉重。"

郭璞《尔雅注》解释："茶树矮小似栀子，冬季生叶，可煮作羹汤饮用。今人称早采的茶为'荼'，晚采的为'茗'，或统称'荈'，蜀地（四川）人则称其为'苦茶'。"

《世说》记载："任瞻，字育长，年少时名声颇佳，渡江后便意志消沉。一次宴席间侍者奉上茶饮，他问道：'这是茶还是茗？'察觉旁人神色怪异，连忙改口辩解：'方才我只是问这茶是热的还是凉的。'"

《续搜神记》记载："晋武帝时期，宣城人秦精常到武昌山采摘茶叶，一次遇见一个浑身长毛的野人，身高一丈多，野人带秦精到山下，指给他一片茶树丛后离开。片刻后又折返，伸手从怀中掏出橘子赠予秦精。秦精惊恐，背着茶叶逃回家中。"

《晋四王起事》记载："晋惠帝蒙难流亡，返回洛阳时，宦官用陶碗盛茶进献给他。"

《异苑》记载："剡县陈务之妻，早年丧夫与二子寡居，素爱饮茶。因宅院中有座古墓，每次饮茶前必先祭奠。二子厌烦道：'古墓无知，何必白费心力！'欲掘墓毁之，母亲竭力阻止方罢。当夜，陈务妻梦见一人说：'我居此墓三百余年，你的两个儿子屡欲毁墓，幸得你保护，又享你所祭茶茗，纵是朽骨，岂敢忘恩不报？'次日晨，庭院中现十万铜钱，似久埋地下，唯穿钱绳崭新。母亲告知二子，二人羞愧，自此祭祀愈发虔诚。"

《广陵耆老传》记载："晋元帝时期，有一老妇人每日清晨独自提一茶器，到市集卖茶。市人争相购买，从早到晚，茶器中的茶汤丝毫不见减少。她将所得钱财尽数分给路边孤寡贫苦的乞丐。有人疑其行巫术，官府法曹官员将她拘捕入狱。当夜，老妇人手持所售茶的茶器，从牢房窗户中飞身而出，消失无踪。"

《艺术传》记载："敦煌人单道开，不惧严寒酷暑，常吞食小石子。他服用的药物散发松脂、桂皮与蜂蜜的香气，日常仅饮用茶苏（酥油茶）。"

释道该所著《续名僧传》记载："南朝宋僧人法瑶，俗姓杨，河东（今山西）人。元嘉年间（424—453年）渡江南下，遇沈演之（字台真）后，受邀驻锡武康小山寺，时年已近七十。法瑶日常饮食仅以茶为食（'饭所饮茶'）。永明年间（483—493年），南朝齐武帝下诏命吴兴地方官吏礼聘其入京，此时法瑶年七十九岁。"

《江氏家传》记载："江统，字应元，升任愍怀太子的洗马（官职）。他曾上奏劝谏：'如今西园（皇家园林）公然售卖醋、面食、竹篮、蔬菜、茶叶等物，实属有损国家体统。'"

《宋录》记载："新安王刘子鸾、豫章王刘子尚前往八公山拜访昙济道人。道人奉上茶饮，子尚品后感叹：'此茶犹如天降甘露，怎能仅以普通茶饮称之？'"

王微《杂诗》写道："寂然掩闭高阁门，空荡冷落广厦间。久待君归终不至，今束衣带就茶前。"

鲍照的妹妹鲍令晖著有《香茗赋》。

南齐世祖武皇帝在《遗诏》中说："我的灵位前切勿用牲畜祭祀，只需摆放饼食与水果、茶饮、干米饭、酒和肉干即可。"

梁代刘孝绰《谢晋安王饷米等启》写道："承蒙传诏官李孟孙宣示殿下教令，赐赠米、酒、瓜、笋、腌菜、肉脯、醋、茶等八种物品。新城稻米清香扑鼻，云松佳酿醇厚芬芳。江畔新笋破土拔节，珍贵胜过昌蒲嫩茎；边地精选瓜果鲜嫩，精妙超越菖草之美。所赐肉脯非寻常捆束的野鹿肉，而如霜雪包裹的鲈鱼般洁净；醋渍鱼鲊不同于陶罐所贮河鲤，其晶莹似美玉璀璨。茶品堪比上等精米，醋香犹望柑橘之酸。免我千里奔波春粮之苦，省却三月储粮之劳。小人感怀恩惠，殿下大德永志不忘。"

陶弘景《杂录》记载："苦茶能使人身体轻盈、脱胎换骨，古代的丹丘子、黄山君曾服用它。"

《后魏录》记载："琅琊人王肃曾在南朝为官，喜好饮茶、食莼菜羹。后归返北地（北魏），又偏爱羊肉与酪浆（乳制品）。有人问他：'茶与酪浆相比如何？'王肃答：'茶不配给酪浆当奴仆（喻茶远不及酪浆）。'"

《桐君录》记载："西阳、武昌、庐江、晋陵等地盛产好茶，江东人善制清茶（不加配料）。茶汤浮有沫饽（茶沫），饮用有益健康。其他可制饮的植物，多取叶为用，如天门冬、菝葜则取根入药，均有益于人。巴东地区另有真茗茶，煎煮饮用会令人清醒不眠。民间常煮檀树叶与大皂李叶作茶，性寒凉。南方有瓜芦木，叶似茶而味极苦涩，将其捣碎制为屑茶，饮用亦可彻夜不眠。煮盐工多饮此茶，而交州、广州最重此俗，客至必先奉上，并添加香料调配。"

《坤元录》记载："辰州溆浦县西北三百五十里处有无射山，当地民族习俗每逢吉庆节日，亲族便聚集于山上歌舞。此山多生茶树。"

《括地图》记载："临遂县东面一百四十里处有一条名为茶溪的溪流。"

山谦之《吴兴记》记载："乌程县西面二十里处有座温山，出产御用茶（贡茶）。"

《夷陵图经》记载："黄牛山、荆门山、女观山、望州山等山脉，皆出产茶叶。"

《永嘉图经》记载："永嘉县东面三百里处有一座白茶山。"（永嘉县为隋代行政区划（今浙江温州），而"东三百里"的地理方向存在争议。现代学者陈椽、张天福等考证认为"东三百里"应为"南三百里"的笔误，实际指向福建福鼎的太姥山。）

《淮阴图经》记载："山阴县南面二十里处有一片茶坡（产茶的山坡）。"

《茶陵图经》记载："茶陵这一地名，所指的正是山陵与深谷间生长茶树（茶茗）的地方。"（"茶陵"即今湖南省茶陵县，为全国唯一以"茶"命名的县级行政区。）

《本草·木部》记载："茗（茶），即苦茶。味甘带苦，性微寒，无毒。主治瘘疮，能利尿，消除痰热口渴，并使人减少睡眠。秋季采摘的茶味苦，主降气、助消化。《本草注》

补充：'茶通常在春季采摘。'"

《本草·菜部》记载："苦菜，又名茶、选、游冬，生长于益州的山谷与道路旁，寒冬不凋谢。三月三日采摘，晒干。《本草注》补充：'推测此即现今的茶，可令人不眠。'"《本草注》进一步解释："按《诗经》所言'谁谓荼苦'（谁说茶味苦），又云'堇荼如饴'（堇菜与荼菜甘甜如饴），皆指苦菜。陶弘景称其为苦茶，属木本植物，非蔬菜类。茗（茶）在春季采摘，称为苦茶。"

《枕中方》记载："治疗多年不愈的瘘疮：将苦茶（茶叶）与蜈蚣一同炙烤至香气透出、质地酥脆，取等量混合，捣碎过筛。以甘草煎煮的汤汁清洗患处后，将药末外敷。"

《孺子方》记载："治疗小儿不明原因惊厥：取苦茶（茶叶）与葱须一同煎煮，服用汤汁。"

八、茶之出

山南地区茶叶品第：上等：峡州（今湖北宜昌）；中等：襄州（今湖北襄阳）、荆州（今湖北荆州）；下等：衡州（今湖南衡阳）；更次：金州（今陕西安康）、梁州（今陕西汉中）。

淮南地区茶叶品第：上等：光州（今河南潢川）；中等：义阳郡（今河南信阳）、舒州（今安徽安庆）；下等：寿州（今安徽寿县）；更次：蕲州（今湖北蕲春）、黄州（今湖北黄冈）。

浙西地区茶叶品第：上等：湖州（今浙江湖州）；中等：常州（今江苏常州）；下等：宣州（今安徽宣城）、杭州（今浙江杭州）、睦州（今浙江建德）、歙州（今安徽歙县）；更次：润州（今江苏镇江）、苏州（今江苏苏州）。

剑南地区茶叶品第：上等：彭州（今四川彭州）；中等：绵州（今四川绵阳）、蜀州（今四川崇州）；下等：邛州（今四川邛崃）、雅州（今四川雅安）、泸州（今四川泸州）；更次：眉州（今四川眉山）、汉州（今四川广汉）。

浙东地区茶叶品第：上等：越州（今浙江绍兴）；中等：明州（今浙江宁波）、婺州（今浙江金华）；下等：台州（今浙江台州）。

黔中地区所产的茶：来自思州（今贵州沿河县周边）、播州（今贵州遵义市）、费州（今贵州岑巩县附近）、夷州（今贵州凤冈县周边）。

江西地区所产的茶：来自鄂州（今湖北鄂州）、袁州（今江西宜春）、吉州（今江西吉安）。

岭南地区产茶地：福州（今福建福州）、建州（今福建建瓯）、韶州（今广东韶关）、象州（今广西象州）。至于思州（今贵州岑巩）、播州（今贵州遵义）、费州（今贵州思南）、夷州（今贵州石阡）、鄂州（今湖北武汉）、袁州（今江西宜春）、吉州（今江西吉安）及上述福州、建州、韶州、象州共十一州的具体产茶情况不详，但偶得这些州所产之茶，滋味极为上佳。

九、茶之略

若在早春寒食节前后（禁火期间）制茶，茶农于山间寺庙或茶园中集体采摘鲜叶，经蒸青、捣碎后，直接以火烘干。如此，则棨（锥刀）、扑（竹鞭）、焙（焙坑）、贯（竹签）、棚（烘架）、穿（穿茶工具）、育（储茶器）等七道工序皆可省略。

煮茶器具的使用，依环境与人数可适当省略：若于松林间平坦岩石上设席，则风炉、灰承、炭挝、火筴、交床等器具可省，用干柴与锅釜直接烹煮即可；若临近泉水溪涧，水方（储水器）、涤方（废水器）、漉水囊（滤水器）可省；若饮茶者在五人以下，且茶末足够精细，则可省去茶罗（筛粉器）；若需攀藤登山、拉绳入洞，于山口烤茶碾末，以纸包或盒贮携带，则茶碾、拂末（扫茶器）可省；瓢、碗、筴（搅拌器）、札（刷器）、熟盂（沸水器）、鹾簋（盐罐）等可统一装入竹筥（筐篮），则都篮（专用茶具提篮）可省。在城镇之中、王公贵族府邸，必须严格备齐二十四种茶具，缺一不可，否则茶事无法完满。

十、茶之图

将《茶经》内容用素白绢帛分四幅或六幅书写，悬挂陈列于茶席四周。如此，茶的起源、制茶工具、制作工艺、烹饮器具、煮茶方法、品饮礼仪、茶事典故、产地品第、简略制法等章节，观者即可直观通览，整部《茶经》要义由此完整呈现。

第二讲　茶礼仪

礼仪是人们在长期共同生活和相互交往中逐渐形成的道德行为规范，以人们约定俗成的方式、律己敬人的表现，从仪容仪表、交往技巧、情商沟通等方面表现出来，是一个人内在修养和素质的外在展示。茶艺礼仪是指在茶艺活动与茶艺服务过程中，应当遵从的礼节和仪式，是对他人表示尊重的各种方式，是思想道德水平、文化修养、交际能力的具体表现。早在先秦时期，《周礼·春官·肆师》就记载"凡国之大事，治其礼仪，以佐宗伯"，《诗经·小雅·楚茨》也记载"献酬交错，礼仪卒度"。茶艺礼仪虽通过"细节""小事"表露出来，却关系着茶艺整体服务的水准。

第一节　茶艺礼仪标准

一、茶艺仪容

仪容是指人的外表，包括外貌、服饰等方面。端庄、美好、整洁的仪表在接待过程中能使客人产生好感，从而有利于提高工作效率。从泡茶上升到茶艺，泡茶者与泡茶的过程、所冲泡的茶叶已融为一体，此时泡茶者的服装、仪容、心态应与环境相配合。

（一）着装得体

服装，大而言之是一种文化，反映了一个民族的文化素质、精神面貌和物质文化发展程度；小而言之是一种语言，能反映一个人的职业、文化修养、审美意识，也能体现一个人对自己、对他人以及对生活的态度。因此，茶艺人员着装原则应得体和谐。在泡茶过程中，如果茶艺人员的着装颜色、式样与茶具环境不协调，品茗环境就会有失优雅。茶艺人员在泡茶时着装不宜太鲜艳，应与环境、茶具相匹配。品茗需要安静的环境、平和的心态。如果茶艺人员的着装颜色太鲜艳，就会破坏和谐优雅的气氛，使人产生躁动不安的感觉。另外，服装式样以中式为宜，袖口不宜过宽、过长，否则易拂到茶具或茶水，有失清洁卫生。服装应经常清洗，保持整洁。

（二）发型整齐

作为茶艺人员，对发型的要求与其他岗位有一些区别。如果主持茶艺操作，茶艺人员的头发应梳洗干净整齐，避免头部向前倾时头发散落于面部，挡住视线，影响操作。同时，还要避免头发掉落到茶具或操作台上，有失清洁卫生。

茶艺人员的发型原则上应适合自己的脸型和气质，按泡茶要求进行梳理。如果是短发，低头时头发不得挡住视线；如果是长发，泡茶时应将头发束起，以免影响操作。

（三）手型优美

作为习茶之人，如果是女士，应有一双纤细、柔嫩的手，平时应注意适时保养，随时保持清洁；如果是男士，则要求手部干净。因为在泡茶过程中，客人的目光始终聚焦于泡茶者之手，观看泡茶全过程，因此茶艺人员的手极为重要。习茶时，茶艺人员的手上切勿佩戴过于烦琐或色彩鲜艳的首饰。太烦琐的首饰容易敲击茶具，发出不协调的声音，甚至会打破茶具；太艳丽的首饰会造成喧宾夺主的感觉，显得不够高雅。此外，茶艺人员的指甲应及时修剪整齐，不留长指甲，不涂指甲油，保持干净。在茶艺操作过程中，茶艺人员的双手居于主角地位。进行操作时，如果手未净就拿茶壶或其他茶具，很可能会污染茶叶与茶具。在茶艺比赛时，经常有评审老师提到哪个杯子有化妆品的味道，哪个杯子有肥皂的味道，都是洗手时未能把异味彻底冲掉，或是泡茶之前用手托腮，沾上了面部化妆品的味道所致。

（四）面部洁净

茶是淡雅之物。茶艺人员如果是女士，为客人泡茶时，可化淡妆，不可浓抹脂粉，更不得喷洒味道浓烈的香水，否则会破坏茶香味。茶艺人员如果是男士，泡茶前应将面部修饰干净，不留胡须，以整洁的姿态面对客人。

茶艺人员平时应注意面部的护理与保养，保持清新健康的肤色。在为客人泡茶时面部表情要平和放松，面带微笑。

二、茶艺仪态

茶艺仪态是指茶艺人员在服务过程中表现出来的仪容姿态，包括举止、站姿、坐姿、走姿和蹲姿等，是一种身体的表象和语言。这种仪态的显现体现了茶艺人员的精神风貌和修养。

（一）举止优雅

举止是指人的动作和表情，日常生活中人的举手投足、一颦一笑都可概括为举止。举止是一种无声的语言，反映了一个人的素质、受教育程度及能够被人信任的程度。

对于茶艺人员来讲，为客人泡茶过程中的一举一动尤为重要。就手而言，如果左手趴在桌上，右手泡茶，看起来就显得懒散；右手泡茶，左手不停地动，会给人一种紧张的感觉；一手泡茶，一手垂直放在身旁，从对方看来，就像少了一只手。因此，不进行操作的手最好自然地放在操作台上。

在放置茶叶时，为了看清茶叶放了多少，如果把头低下来往壶里看，显得不够从容；有时担心泡过头，放着客人不管，盯着计时器看，也是不好的习惯；弯着身体埋头苦干，就会显得个性不够开朗，待客不够亲切。泡茶时身体尽量不要倾斜，以免给人失重的感觉。

　　一个人的个性很容易从泡茶过程中表露出来，也可以借助姿态动作的修正，潜移默化地陶冶一个人的情操。当客人看见一个笑眯眯、端端正正地冲着最好的春茶的茶艺人员时，还未喝茶就已经感受到了茶艺人员健康、可爱的气息。

　　开始练习泡茶时，应一个动作一个动作地背下来，只求正确，打好基础；慢慢地各项动作会变得纯熟起来。此时，应注意两点：第一，将各种动作组合的韵律感表现出来；第二，将泡茶的动作融入与客人的交流中。

　　泡茶时，茶的味道虽然最重要，但泡茶人得体的着装、整齐的发型、姣好的面容和优雅的动作也会给人一种赏心悦目的感觉，使品茶成为一种真正的享受。

　　（二）站姿优美

　　优美而典雅的站姿是体现茶艺人员自身素养的一个方面，也是体现一个人仪表美的起点和基础。

　　1. 站姿的基本要求

　　站立时直立站好，从正面看，左脚位于右脚前，两脚尖呈45°～60°。身体重心线应在两脚中间向上穿过脊柱及头部，双脚并拢直立、挺胸、收腹、挺颈。双肩平正，自然放松，双手自然交叉于腹前，双目平视前方，面带笑容。

　　2. 站姿要领

　　站立时精神饱满、心情放松、脖颈挺直、头顶上悬、气往下压、自然伸展，身体有向上之感，表情要温文尔雅。腹肌、臀大肌微收缩并向上提，臀、腹部前后相夹，髋部两侧略向中间用力。

　　3. 茶艺人员的站姿

　　女性站立时，双脚呈"V"字形，两脚尖开度为45°～60°，膝和脚后跟都要靠紧；如果双脚叉开，就很不雅观。男性双脚叉开的宽度窄于双肩，双手可交叉放在背后。

　　身体切勿东倒西歪、耸肩歪脑。双手不得叉腰，不得抱在胸前，不得插入衣袋，不得放于身后。身体重心主要支撑于脚掌、脚弓上。站累了双脚可暂作稍息状，但上体仍须保持正直，要求身体重心偏移到左脚或右脚上，另一条腿微向前屈，使腿部肌肉放松。

　　站立时应留意周围客人或同事的招呼。若站立时间过长，在不影响阵容的前提下要找事做。另外，站立时应注意观察客人的动态，注意客人的需求，但不可直勾勾地盯着客人，应灵活应变。

　　（三）坐姿端庄

　　由于茶艺人员在工作中经常要为客人沏泡各种茶叶，大多数时间需要坐着进行，因此良好的坐姿显得尤为重要。

　　1. 正确的坐姿

　　泡茶时，挺胸、收腹、头正肩平，肩部不能因操作动作的改变而左右倾斜，双腿并拢。双手不操作时，平放在操作台上，面部表情轻松愉悦，自始至终面带微笑。

为客人沏茶或表演茶艺是茶艺人员的主要工作，不论是在客人的桌前冲泡或在台上表演，坐姿都是一种静态造型，坐姿不正确会显得懒散无礼，有失高雅。端庄优美的坐姿，能给人以文雅、稳重、大方、自然、亲切的美感。

2. 正式坐姿

茶艺人员入座时，略轻而缓，但不失朝气，走到座位前面转身，右脚后退半步，左脚跟上，然后较稳地坐下，最好坐在椅子的一半或2/3处，穿长裙的女性应用手将裙子向前拢一下。坐下后上身正直，头正目平，嘴巴微闭，脸带微笑，小腿与地面基本垂直，两脚自然平落地面。两膝间的距离视茶艺人员的性别而定，男性以松开一拳为宜；女性双脚并拢，与身体垂直放置，或者左脚在前、右脚在后交叉成直线，要注意两手、两腿、两脚的正确摆法。

3. 侧点坐姿

侧点坐姿分左侧点式和右侧点式，采取这种坐姿，也是很好的动作造型。根据茶椅、茶桌的不同造型，坐姿也应发生变化，比如茶桌的立面有面板或茶桌上有悬挂的装饰物，无法采取正式坐姿，此时可选用左侧点式或右侧点式坐姿。左侧点式坐姿应双膝并拢，两小腿向左斜伸出，左脚跟靠于右脚内侧中间部位，左脚脚掌内侧着地，右脚跟提起，脚掌着地。右侧点式坐姿相反。

4. 跪式坐姿

跪式坐姿即日本人所称的"正坐"，坐下时将衣裙放在膝盖底下，显得整洁端庄，手臂腋下留有一个品茗杯大小的余地，两臂似抱圆木，五指并拢，手背朝上，重叠放在膝盖上，双脚的大拇指重叠，臀部坐在其上，臀部下面像有一纸之隔，上身如站立姿势，头顶有挺拔之感，坐姿安稳。

5. 盘腿坐姿

这种坐姿一般适合于穿长衫表演宗教茶道的男性茶艺人员。坐时用双手将衣服撩起（佛教中称提半把）徐徐坐下，衣服后层下端铺平，右脚放置在左脚下，用两手将衣服前面的下摆稍稍提起，不可露膝，再将左脚置于右腿下，最后将右脚置于左腿上。

进行茶艺表演时，无论哪一种坐姿，都要自然放松，面带微笑。优雅的坐姿对于茶艺人员来讲是非常重要的。而且进行茶艺表演时，较多的是坐着冲泡茶叶，可是在很多茶艺表演中，有的茶艺人员提壶时，肩膀一边高一边低；有的下巴没收住，感觉脊梁不挺；有的凳子太低，桌子不高，看不出美感；有的身体离桌子太近，显得很不自然。甚至有的茶艺人员在参加一些国际性的茶艺表演时也出现类似情况，例如在高处或舞台上表演时，敞开膝盖及腿部，显得很不礼貌。

（四）走姿得体

人的走姿是一种动态美，而茶艺人员在工作时经常处于行走状态。由于多方面的原因，茶艺人员在生活中形成了各种各样的行走姿态，或多或少都会影响人体的动态美。因此，要通过正规训练，掌握正确优美的走姿，并运用到工作中。

1. 走姿的基本方法和要求

上身正直，目光平视，面带微笑；肩部放松，手臂自然前后摆动，手指自然弯曲；行走时身体重心稍向前倾，腹部和臀部要向上提，由大腿带动小腿向前迈进；行走轨迹为直线。

2. 行走的要领

行走时，重心要落在双脚掌的前部，腹部和臀部要上提，同时抬腿，注意伸直膝盖。全脚掌着地，后脚跟离地时，要以脚尖用力蹬地，脚尖应指向前方，不得左歪或右偏，形成八字脚。行走时，身体的重心向前倾3°~5°，抬头，肩部放松，上身正直，收腹、挺胸，眼睛平视前方，面带微笑，手臂伸直放松，手指自然微弯，两臂自然地前后摆动，摆动幅度约为35厘米，双臂外开不得超过30°。行走时，脚步要轻而稳，切忌摇头晃肩，身体左右摇摆，腹和臀部居后。行走时，还应尽可能地保持直线前进。挺胸时，绝不是把胸部硬挺起来，而是从腰部开始，通过脊骨到颈骨尽量上伸，自然显出一个平坦的腹部和比较美观的胸部。

步速和步幅也是行走姿态的重要方面，茶艺人员在行走时应保持一定的步速，不得过快，否则会给客人带来不安静、急躁的感觉。步幅是每一步前后脚之间的距离，一般为30厘米，步幅不得过大，否则会给客人带来不舒服的感觉。流云般的轻盈走姿，体现了茶艺人员的温柔端庄、大方得体。款款轻盈的步态，给客人以动态美。

3. 舞台茶艺表演走姿

茶艺人员应根据茶艺表演的主题、服饰的造型、情节的配合、音乐的节奏来确定走姿。走姿应随主题内容而变化，或矫健轻盈，或精神饱满，或端庄典雅，或缓慢从容，可谓千姿百态，没有固定模式。不管哪一种走姿都要让客人感到优美高雅、体态轻盈。出场时，茶艺人员应融入自己的思想、情感并结合走的不同方式，将信息传递给客人，使客人感到茶艺人员的肢体语言同茶艺表演的主题、服饰、情节、音乐等吻合。

4. 茶艺服务中的走姿

茶艺服务中如两人并肩行走时，不得用手搭肩；多人一起行走时，不得横着一排，也不得有意无意地排成队形。茶艺人员在茶艺馆内行走，一般靠右侧。与客人同走时，应让客人先行（除迎宾服务人员外）；如遇通道比较狭窄又有客人从对面走来时，茶艺人员应主动停下来靠在边上，让客人先通过，切不可背对客人。茶艺人员如遇急事，可加快步伐，但不可慌张奔跑。如果手提重物或托有茶具，急需超越前面行走的客人时，应彬彬有礼地征得客人同意，并表示歉意。茶艺人员的走路步伐应灵活，"眼观六路"（并不是东张西望）。要注意停让转侧，勿发生碰撞，做到收发自如。

5. 优美的变向走姿

在行走中，茶艺人员需要转身改变方向时，要掌握正确优美的转身法。错误的转身，会让客人感到茶艺人员缺乏修养。如果茶艺人员想转身就转身，会有甩身之感，或背向客人等。尤其是进行茶艺表演时，茶艺人员应采用简洁合理的方式转身，以体现步伐的规范和优美。

（1）前行步

向前行走时，要保持身体直立挺拔。行进中与客人或同事相互问候时要伴随着头和上体向左或向右转动，并微笑点头致意，配以恰当的语言，切忌用眼睛斜视他人。茶艺表演中的前行步，目光正视前方，向客人微笑致意。

（2）后退步

当点单结束或奉上茶后离开客人或与客人告别时，扭头就走是很不礼貌的行为。应该是先向后退步，再转身离去。一般情况下以退两三步为宜。退步时脚轻擦地面，勿抬高小腿，后退的步幅要小，两腿之间的距离不宜过大。转体时腰身先转，头稍后转一些。如果是未转身先转头，或是头与身同时转，均为不妥。在茶艺表演结束时或离开表演台时，都应后退一至两步，方法同上。

（3）侧行步

当茶艺人员走在前面引领客人时，要尽量走在客人的左侧前后。髋部朝着前行的方向，上身稍向右转体，左肩稍前，右肩稍后，侧身向着客人，保持两三步的距离。可边走边向客人介绍环境，需做手势时尽量用左手。侧身转向客人不仅显示对客人的尊重，还可以观察客人的意愿，以便及时为客人提供满意的服务。

当在路面较窄的走廊或楼道中与他人相遇时，也应采用侧行步，两肩一前一后，应将胸转向客人，而不是将后背转向客人。

（4）前行转身步

前行转身步分为前行左转身步和前行右转身步两种。

①前行左转身步：在行进中，当要向左转体时，应在右脚迈步落地时，以右脚掌为轴心，向左转体90°，同时迈左脚。

②前行右转身步：与前行左转身步相反，在行进中要向右转体时，应在左脚迈步落地时，以左脚掌为轴心，向右转体90°，同时迈右脚。

（5）后退转身步

后退转身步分为后退左转身步、后退右转身步和后退后转身步三种。

①后退左转身步：当后退向左转体走时，如左脚先退，应在后退两步或四步时，以右脚为轴心向左转体，同时向左迈左脚。

②后退右转身步：当后退向右转体走时，如左脚先退，应在后退一步或三步时，赶在左脚后退时，以左脚为轴心，向右转体90°，同时向右迈右脚。

③后退后转身步：要向后转体走时，如左脚先退，应在后退一步或三步时，赶在左脚后退时，以左脚为轴心，向右转体180°，再迈右脚；如向左转体，应赶在右脚后退时，再左转体180°。

以上是不同方向的转身行走法，不论向哪个方向转体走，都应注意先身体转，头随后转，同时可伴随着告别、祝愿、提醒等礼貌用语。

6. 不同着装与不同鞋型的走姿

茶艺馆的风格不同，茶艺人员会穿着不同的服饰和鞋子，有的着旗袍、有的着长裙、有的着短裙；有的穿平底鞋、有的穿高跟鞋。不同的着装和不同的鞋型，有不同的走路方式，相互呼应才会更协调、更优美。

（1）着旗袍的走姿

旗袍能反映东方女性柔美的风韵，富有曲线韵律美。茶艺馆的迎宾小姐及女性茶艺人员在进行茶艺表演时，身着旗袍较为适宜。茶艺人员着旗袍时应身体挺拔，胸微含，下颌微收，不得塌腰撅臀。着旗袍无论是配以高跟鞋还是平底鞋，走路的幅度都不宜大，两脚跟前后要走在一条线上，脚尖略外开，两手臂在体侧摆动，幅度不宜大。髋部可以随着脚步和身体重心的转移而左右摆动。站立时两手可合握于腰部或一屈一直。

（2）着长裙的走姿

茶艺人员穿着长裙显得修长，由于长裙的下摆较大，更显飘逸潇洒。穿长裙行走时步伐要平稳，步幅可稍大些。转动时，要注意头和身体协调配合，尽量不使头部快速地左右转动。注意调整头、胸、髋三轴的角度，强调整体造型美，保持微笑。站立时可两手合握于体前，走动时可一手提裙。

（3）着短裙的走姿

茶艺人员穿着短裙（指裙长在膝盖以上）要表现出轻盈、敏捷、活泼、洒脱的特点。步幅不宜大，步速可稍快些。要笑口常开，保持活泼灵巧的风格。

（4）穿平底鞋的走姿

穿平底鞋走路，要脚跟先着地，注意由脚跟到脚掌的过渡。茶艺馆中服务时间较长，来回走路较多，茶艺人员的工作鞋一般是平底鞋。走路时用力要均匀适度，身体重心的推送过程要平稳。穿平底鞋比穿高跟鞋的步幅略大，可根据自己的身高、腿长调整步幅大小。穿平底鞋容易产生不标准姿态，即抬腿过高，脚落地时，小腿的腓肠肌、比目鱼肌张力差，不能积极地使身体的重心向前脚转移，而使脚跟接触地面的时间略长，脚趾抓地感觉差。这种步态看上去像是往前甩小腿，用脚跟走路，给人一种懈怠的感觉。

（5）穿高跟鞋的走姿

穿高跟鞋行走时应昂首、挺胸、收腹、上体正直、两眼前视、双臂自然摆动、步姿轻盈，以显示女性温柔、文静、典雅的窈窕之美。穿高跟鞋由于脚跟提高，身体重心前移，为了保持身体的平衡，要求身体的感觉是直膝立腰，收腹收臀，挺胸略抬头。穿高跟鞋能够使人挺拔，感觉胸部挺起，腹部内收，整条腿向后倾斜，腰明显要塌下去，臀部明显高翘起，小腿也饱满起来，脚背呈漂亮的方形，脚好像小了许多，连走路的步子也变小了。所以，穿高跟鞋要注意将踝关节、膝关节、髋关节挺直，立腰挺胸，要有一种挺拔向上的形体感觉。行走时步幅不宜大。膝盖不要太弯，两腿并拢，不强调从脚跟到脚掌的推送过程，要走柳叶步，即两脚跟前后踩在一条线上，脚尖略外开，走出来的脚印跟柳叶一样。

（五）蹲姿要适宜

在茶艺馆服务的茶艺人员经常处于动态中，因此动作的优美是值得培养的，身体各躯干的动作都讲究端庄优雅、动静相济、灵活得体。取低处物品或拾起落在地上的东西时，不得弯下身体翘起臀部，这是不优雅又不礼貌的体态，正确做法是利用下蹲和屈膝动作。具体做法是脚稍分开，站在要拿或拾的东西旁边，屈膝蹲下，不低头，也不弯背，慢慢弯下腰部拿取，以显文雅。若遇物品较重还可利用腿力以免扭伤腰部。在茶艺馆服务中或茶艺表演中奉茶时，要考虑茶桌的高度，依据茶桌高矮采用以下几种优美蹲姿。

1. 交叉式蹲姿

下蹲时右脚在前，左脚在后，右小腿垂直于地面，全脚着地。左腿在后与右腿交叉重叠，左膝由后面伸向右侧，左脚跟抬起脚掌着地。两腿前后靠紧，合力支撑身体。臀部向下，上身稍前倾。

2. 高低式蹲姿

下蹲时左脚在前，右脚在后（不重叠），两脚靠紧向下蹲，左脚全脚着地，小腿基本垂直于地面，右脚脚跟提起，脚掌着地。右膝低于左膝，右膝内侧靠于左小腿内侧，形成左膝高右膝低的姿态，臀部向下，基本上以右脚支撑身体。

男性茶艺人员可选用第二种蹲姿，两脚之间可有适当距离；而女性茶艺人员无论采用哪种蹲姿，都要注意将腿靠紧，臀部向下。如果头、胸和膝关节不在同一角度上，这样的蹲姿就更显得典雅优美。

第二节　茶艺常用礼节

人们所拥有的精神、思想、学识、修养等均可从得体的言语和动作中体现出来，这些表示尊敬的形式和仪式即为礼仪。礼仪动作贯穿于整个茶艺活动，表达出宾主之间互尊互重、优美和谐的情感。茶艺基本礼仪一般不采用幅度过于夸张的动作，而采用含蓄、温文尔雅的动作来表达谦逊与诚挚的情感。习茶第一要静，尽量用微笑、眼神、手势、姿势等示意，不主张用太多语言客套。习茶还要求稳重，因此调息静气是关键。一个小小的伸掌礼，动作轻柔且表达清晰，观者可能并不觉得有用力感，但行礼者必须把握好分寸，气韵凝于手掌心，含而不露，表达到位。下面，简单介绍茶艺活动中的一些基本礼仪动作。

一、鞠躬礼

茶道表演开始和结束，主客均要行鞠躬礼。有站式和跪式两种，根据鞠躬的弯腰程度可分为真、行、草三种。"真礼"用于主客之间，"行礼"用于客人之间，"草礼"用于说话前后。

（一）站式鞠躬

"真礼"以站姿为预备，然后将相搭的两手渐渐分开，贴着两大腿下滑，手指尖触至膝盖上沿为止，同时上半身由腰部起倾斜，头、背与腿呈近90°的弓形（切忌只低头不弯腰，或只弯腰不低头），略作停顿，表示对对方的真诚敬意，然后，慢慢直起上身，表示对对方连绵不断的敬意，同时手沿腿上提，恢复原来的站姿。鞠躬应与呼吸相配合，弯腰下倾时作吐气，上身直起时作吸气，使人体背中线的督脉和脑中线的任脉进行小周天循环。行礼速度应尽量与他人保持一致，以免尴尬。"行礼"要领与"真礼"相同，仅双手至大腿中部即可，头、背与腿约呈120°的弓形。"草礼"只需将身体向前稍作倾斜，两手搭在大腿根部即可，头、背与腿约呈150°的弓形，其余同"真礼"。

（二）坐式鞠躬

若主人是站立式，而客人坐在椅（凳）上，则客人用坐式答礼。"真礼"以坐姿为准备，行礼时将两手沿大腿前移至膝盖，腰部顺势前倾，低头，但头、颈与背部呈平弧形，稍作停顿，慢慢将上身直起，恢复坐姿。"行礼"时将两手沿大腿移至中部，其余同"真礼"。"草礼"只需要将两手搭在大腿根部，略欠身即可。

（三）跪式鞠躬

"真礼"以跪坐姿为预备，背、颈部保持平直，上半身向前倾斜，同时双手从膝上渐渐滑下，全手掌着地，两手指尖斜相对，身体倾至胸部与膝间只剩一个拳头的空当（切忌只低头不弯腰或只弯腰不低头）。身体呈45°前倾，稍作停顿，慢慢直起上身。同时行礼时的动作应与呼吸相配，弯腰时吐气，直起上身时吸气，速度与他人保持一致。"行礼"方法与"真礼"相似，但两手仅前半掌着地（第二手指关节以上着地即可），身体约呈55°前倾；"草礼"时仅两手手指着地，身体约呈65°前倾。

二、寓意礼

茶艺活动在民间发展中，逐步形成了不少带有寓意的礼仪动作。茶人们不用语言描述，相互之间就能明白对方的意思，这些动作统称"寓意礼"。

（一）凤凰三点头

右手提起水壶，靠近茶杯口注水，再提腕使水壶提升，接着再压腕将水壶靠近茶杯口继续注水，高冲低斟反复三次后，恰好是茶杯的七分满所需水量，马上提腕旋转收水。这样的"三点头"寓意是向来宾三鞠躬，欢迎客人的到来。

（二）双手内旋

在泡茶过程中，当进行回旋注水、斟茶、温杯、烫壶等动作时，如果要用单手回旋，右手必须按逆时针方向、左手必须按顺时针方向动作，类似于招呼手势"来！来！来"，寓意是对客人表示欢迎；反之则表示挥斥，寓意是请客人赶紧离开。两手同时回旋时，按主手方向动作。

（三）放置茶壶

茶壶表面的图案对着客人，表示对客人的欢迎与尊重。壶嘴不能正对他人，否则表示请人赶快离开。斟茶时七分满即可，七分满便于端杯啜饮，暗寓"七分茶三分情"之意，切不可太满，民间有"酒满敬人，茶满欺人"的说法。

另外，点茶有"主随客愿"的敬意。有杯柄的茶杯在奉茶时应将杯柄放置在客人的右手边，所敬茶点要考虑取食方便，总之，应处处为他人着想。

三、伸掌礼

这是茶艺活动中用得最多的示意礼。当主泡与助泡之间协同配合时，主人向客人敬奉各种物品时都采用此礼。伸掌礼主要表示"请"和"谢谢"。当两人面对面时，均可伸右手掌对答表示；若侧对时，右侧方伸右掌、左侧方伸左掌对答表示。

伸掌时，将手斜伸在所奉物品的旁边，四指自然并拢，拇指自然内收，手掌略向内凹，手心应有托着一个小气团的感觉。手腕要含蓄有力，行伸掌礼的同时要欠身微笑点头，动作和谐，一气呵成。

四、奉茶礼

茶艺人员端杯奉茶体现了对茶汤和对客人的尊敬，也是茶艺作品的最后呈现，这一步非常关键。在日常生活中，即便是沏泡一杯普普通通的茶，也要体现茶艺精神和规矩要求，这一点尤其体现在奉茶礼上。奉茶礼因有茶汤的呈现，第一要务是安全的完美，即茶汤安全地递送给饮者，并关注品饮过程的安全；第二要务是礼节的完美，即主宾之间的情感交流与默契达到恰好的气氛。

在奉茶时应注意下列几项要领：

（一）距离

茶盘离客人不可太近，以免有压迫感；也不可太远，否则给人不易端取之感。客人端杯时，手臂弯曲的角度小于90°时，说明太近；手臂必须伸直才能拿到杯子，说明太远。

（二）高度

茶盘端得太高，客人拿取不易；端得太低，茶艺人员的身体会弯曲得很厉害。让客人能以45°俯角看到茶杯的汤面是最适合的高度。

（三）稳度

奉茶时要将茶盘端稳，客人稳妥地将茶杯端离盘面后方可移动盘子。容易发生的两种错误：一是客人刚端到杯子，茶艺人员就急着离开，此时若遇客人尚未拿稳，或想再调整一下手势，就很容易打翻杯子；二是茶艺人员走到客人面前，客人刚要伸手取杯，茶艺人员突然鞠躬行礼，并说"请喝茶"，连带茶盘也一起往下降，客人拿不到杯子。

（四）位置

要考虑客人拿杯子的便利性，一般人惯用右手，从客人的正前方奉茶，要注意放在客人右手边，如果从客人的侧面奉茶，要从客人左侧奉茶，客人比较容易用右手拿起杯子，若杯子不是客人自取，而是奉茶者放置的，则在客人的右侧进行。如果知道客人惯用左手，则反之。持茶盅和水壶给客人加茶添水，在侧面进行，一般从客人的右侧，右手持壶盅添加；若需要取出客人的杯子添加，则左手持壶盅，右手取杯添加较为妥当。若用左手，手臂容易穿过客人的面前，或是太靠近客人的身体。

（五）饮者

客人应留意他人前来斟茶而给予关注，对方斟完应行礼表示谢意，还要注意自己的杯子应放在易于续茶的位置。

（六）礼节

奉茶时，茶艺人员在走向客人后先行礼，再前进半步奉茶，起身时先退后半步，再行礼或说"请喝茶"。奉茶时应将头发束紧，不多说话，妆容合理，还应注意奉茶时身体不得妨碍邻座客人。

第三节　中国民间茶礼

一、民间茶礼

茶礼又称"茶银"，是聘礼的一种。清代孔尚任《桃花扇·媚座》中有"花花彩轿门前挤，不少欠分毫茶礼"，记载的就是以茶为彩礼的习俗。明代许次纾在《茶疏》中说："茶不移本，植必子生。"古人结婚以茶为证，认为茶树只能从种子萌芽成株，不能移植，否则就会枯死，因此把茶看作一种至性不移的象征。所以，民间男女订婚以茶为礼，女方接受男方聘礼，叫"下茶"或"茶定"，有的叫"受茶"，并有"一家不吃两家茶"的谚语。同时，还把整个婚姻礼仪统称为"三茶六礼"。"三茶"，就是订婚时的"下茶"、结婚时的"定茶"、同房时的"合茶"。"下茶"又有"男茶女酒"之称，即订婚时男方除送如意庚帖外，还要送几缸绍兴酒。举行婚礼时，要行三道茶仪式。三道茶者，第一道百果，第二道莲子、枣，第三道方是茶。吃的方式，第一道，接杯之后，双手捧之，深深作揖，然后向嘴唇一触，即由家人收去。第二道亦如此。第三道，作揖后才可饮。这是最尊敬的礼仪。在拉祜族婚俗中，男女双方确定成婚日期后，男方要送茶、盐、酒、肉、米、柴等礼物给女方，拉祜人常说"没有茶就不能算结婚"，婚礼上必须请亲友喝茶。白族男女订婚、结婚都要送茶礼。云南中甸（香格里拉）一带的藏族青年，在节日和农闲时，打好酥油茶带到野外聚会，遇到姑娘们便邀请入座，如看中对方，可借敬茶的机会抢过对方的帽子，然后离开人群，进行商谈；如不同意做配偶，就将帽子拿回。侗族在解除婚约时，采用"退茶"的礼仪。

茶礼的另一层意思是以茶待客的礼仪。我国自古以来就是礼仪之邦，客来敬茶是我国人民传统的、最常见的礼节。在古代，不论饮茶方法如何简陋，茶也早已成为人们日常待客的必备饮料，客人进门，敬上一杯（碗）热茶，表达主人的一片盛情。在我国历史上，不论富贵之家或贫困之户，不论上层社会或平民百姓，莫不以茶为应酬品。

二、细茶粗吃，粗茶细吃

在我国华北、东北地区，老年人来访，宜沏上一杯浓醇芬芳的优质茉莉花茶，并选用加盖瓷杯；如来客是南方的年轻女性，宜冲泡一杯淡雅的绿茶，如龙井、毛尖、碧螺春等，并选用透明玻璃茶杯，不加杯盖；如来客嗜好喝浓茶，不妨适当加大茶量，并拼以少量茶末，可使茶汤味浓，经久耐泡，饮之过瘾；如来客喜啜乌龙茶，则用小壶小杯，宜选用安溪铁观音和武夷岩茶招待；如家中只有低级粗茶或茶末，则最好选用茶壶泡茶，只闻茶香，只品茶味，不见茶形。

三、浅茶满酒

我国素有"浅茶满酒"的讲究，一般倒茶或冲茶至茶具的2/3～3/4，如冲满茶杯，不但烫嘴，还寓有逐客之意。泡茶水温也因茶而异，乌龙茶需用沸水冲泡，并用沸水预先烫杯；其他茶叶冲泡水温为80～90℃；细嫩的茶末冲泡水温还可再低点。敬茶要礼貌。一定要洗净茶具，切忌用手抓茶，茶汤上不能漂浮一层泡沫或焦黑黄绿的茶末或粗枝大叶横于杯中。茶杯无论有柄还是无柄，端茶时一定要在下面加托盘。敬茶时温文尔雅、笑容可掬、和蔼可亲，双手托盘至客人面前，躬腰低声说"请用茶"；客人应起立说"谢谢"，并用双手接过茶托。做客饮茶，也要慢啜细饮，边谈边饮，并连声赞誉茶叶鲜美和主人手艺，不能手舞足蹈，狂喝暴饮。主人陪同客人饮茶时，当客人喝至半杯时即添加开水，使茶汤浓度、温度前后大略一致。饮茶过程中，也可适当佐以茶食、糖果、菜肴等吃食，达到调节口味的功效。总之，待客敬茶遵循一个"礼"字，待人接物遵循一个"诚"字。让人间真情渗透在一杯茶水里，渗透在每个人的心里。

四、谢茶的叩指礼

当他人给自己倒茶时，为了表示谢意，将食指和无名指弯曲后以指甲压着桌面似两膝跪在桌上，似叩头一般。这是我国社交场合中的一种常见礼节。相传乾隆皇帝微服私访时，到一家茶楼喝茶，当地知府得知这一情况，也赶紧微服前往茶楼护驾。到了茶楼，知府就在乾隆皇帝对面末座的位置坐下。乾隆皇帝心知肚明，也不去揭穿，就像久闻大名、相见恨晚似的装模作样地寒暄了一番。皇帝是主，免不得提起茶壶给知府倒茶，知府诚惶诚恐，但也不便跪在地上"谢主隆恩"，于是灵机一动，忙用手指作跪叩之状，以"叩手"代替"叩首"。之后，逐渐形成了现在谢茶的叩指礼。

五、敬茶的平等心

相传，清代大书法家、大画家郑燮去一家寺院游玩，方丈见他衣着俭朴，以为是一般俗客，就冷淡地招呼"坐"，又对小和尚喊"茶"。一经交谈，顿感此人谈吐非凡，于是引进厢房，一面说"请坐"，一面吩咐小和尚"敬茶"。又经细谈，得知来人竟是赫赫有名的"扬州八怪"之一的郑燮时，急忙将其请到雅洁清静的方丈室，连声说"请上坐"，并吩咐小和尚"敬香茶"。最后，方丈再三恳求郑燮题词留念，郑燮思忖了一下，挥笔写了一副对联。上联是"坐，请坐，请上坐"；下联是"茶，敬茶，敬香茶"。方丈一看，顿时羞愧满面，连连向郑燮施礼，以示歉意。可见，敬茶是分对象的，但不是以身份地位为依据，而是应视对方的不同习俗。如果是北方人特别是东北人来访，与其敬上一杯上等绿茶，倒不如敬上一杯上等茉莉花茶，因为东北人一般喜欢喝茉莉花茶。

第四节 习茶手法礼仪

泡茶程序一般都有备茶、赏茶、备具、置茶、备水、冲泡、奉茶、品赏等环节，在取物、置器等事茶过程中，习茶的手法很讲究，十分注重礼仪。

一、取用器物的手法

（一）捧取法

以女性坐姿为例。搭于胸前或前方桌沿的双手慢慢向两侧平移至肩宽，向前合抱欲取的物件（如茶样罐），双手掌心相对捧住基部移至需安放的位置，轻轻放下后双手收回；再去捧取第二件物品，直至动作完毕复位。多用于捧取茶样罐、茶匙筒、花瓶等立式物件。

（二）端取法

双手伸出及收回的动作同前法。端物件时双手手心向上，掌心下凹作荷叶状，平稳移动物件。多用于端取赏茶盘、茶巾盘、扁形茶荷、茶点、茶杯等。

二、提壶手法

（一）侧提壶

1. 大型壶

右手中指、无名指勾住壶把，大拇指与食指相搭；左手食指、中指按住壶钮或盖；双手同时用力提壶。

2. 中型壶

右手食指、中指勾住壶把，大拇指按住壶盖一侧提壶。

3. 小型壶

右手拇指与中指勾住壶把，无名指与小拇指并列抵住中指，食指前伸呈弓形，压住壶盖的盖钮或其基部提壶。

（二）飞天壶

右手大拇指按住盖钮，其余四指勾握壶把提壶。

（三）握壶把

右手大拇指按住盖钮或盖一侧，其余四指握壶把提壶。

（四）提梁壶

右手除中指外四指握住偏右侧的提梁，中指抵住壶盖提壶（若提梁较高，则无法抵住壶盖。此时五指握提梁右侧提壶）。大型壶（如开水壶）亦用双手法，右手握提梁把，左手食指、中指按壶的盖钮或壶盖；或者左手上托折叠茶巾，托于下方壶底。

（五）无把壶

右手虎口分开，大拇指与中指平稳握住茶壶口两侧外壁（食指亦可抵住盖钮）提壶。

三、握杯手法

（一）大茶杯

1. 无柄杯

右手虎口分开，握住茶杯基部。女士需用左手指尖轻托杯底。

2. 有柄杯

右手食指、中指勾住杯柄，大拇指与食指相搭。女士用左手指尖轻托杯底。

（二）闻香杯

右手虎口分开，手指虚拢呈握空心拳状，将闻香杯直握于拳心；也可双手掌心相对虚拢做合十状，将闻香杯捧在两手间。

（三）品茗杯

右手虎口分开，大拇指、食指握杯两侧，中指抵住杯底，无名指及小指自然弯曲，称"三龙护鼎法"。女士可将小指微外翘呈兰花指状，左手指尖可托住杯底。

（四）盖碗

右手虎口分开，大拇指与中指扣在杯沿两侧，食指屈伸按在盖钮下凹处，无名指及小指自然弯曲。

四、翻杯手法

（一）无柄杯

右手虎口向下，手背向左（即反手），握前面茶杯的左侧基部。左手位于右手手腕下方，用大拇指和虎口部位轻托在茶杯的右侧基部。双手同时翻转茶杯呈手相对捧住茶杯，轻轻放下。对于很小的茶杯如乌龙茶泡法中的品茗杯，可用单手动作左右手同时翻杯，即手心向下，用大拇指与食指、中指三指扣住茶杯外壁，向内转动手腕呈手心向上，轻轻将翻好的茶杯置于茶盘上。

（二）有柄杯

右手虎口向下，手背向左（即反手），食指插入杯柄环中，用大拇指与食指、中指三指捏住杯柄；左手手背朝上，用大拇指、食指与中指轻扶茶杯右侧基部；双手同时向内转动手腕，茶杯翻好后轻置杯托或茶盘上。

五、温具手法

（一）温壶法

1. 开盖

左手大拇指、食指与中指按壶盖的壶钮揭开壶盖，提腕依半圆形轨迹将其放入茶壶左侧的盖置（或茶盘）中。

2. 注汤

右手提随手泡，按逆时针方向回转手腕一圈低斟，使水流沿圆形的茶壶口冲入；然后提腕令开水壶中的水高冲入茶壶；待注水量为茶壶总容量约1/2时复压腕低斟，回转手腕一圈并用力令壶流上翻；令开水壶及时断水，轻轻放回原处。

3. 加盖

左手完成，将开盖顺序颠倒即可。

4. 荡壶

双手取茶巾横覆在左手手指部位，右手握茶壶把，放在左手茶巾上，双手协调按逆时针方向缓慢转动手腕如滚球动作，令壶身各部分充分接触开水，使壶温提升（也可不用茶巾）。

5. 弃水

根据茶壶样式以正确手法将水倒入水盂。

（二）温盅及滤网法

用开壶盖法揭开盅盖（无盖者省略），将滤网置放在盅内。注开水及其余动作同温壶法。

（三）温杯法（润杯手法与此相同）

1. 大茶杯

右手提随手泡，逆时针转动手腕，令水流沿茶杯内壁冲入茶杯总容量的约1/3后，右手提腕断水；逐个注水完毕后，将随手泡复位。右手握茶杯中部，左手托杯底，先倾向自身一定角度，后右手手腕逆时针转动，双手协调令茶杯各部分与开水充分接触，涤荡后将开水倒入水盂，放下茶杯。

2. 中茶杯

手法同上。其温杯之水可由茶壶或茶盅倒入。

3. 小茶杯

翻杯时即将茶杯相连排成一字形或圆圈，右手提壶，用往返斟水法或循环斟水法，往各杯内注入开水至七分满，壶复位；右手大拇指、食指与中指端起一只茶杯侧放到邻近一只杯中，用无名指勾动杯底如招手状拨动茶杯，令其旋转，使茶杯内外均用开水烫到，复位后取另一茶杯再温；依次进行，直到温好最后一只茶杯。将杯中温水轻荡后倒去（若在排水型双层茶盘上温杯，可将弃水直接倒入茶盘）。

（四）温盖碗法

1. 斟水

盖碗的碗盖反着放置，近身侧略低且与碗内壁留有一个小缝隙，提随手泡逆时针向盖内注开水，待开水顺小缝隙流入碗内约1/3容量后，右手提腕断水，随手泡复位。

2. 翻盖

右手如握笔状取茶针插入缝隙内；左手手背向外护在盖碗外侧，右手用茶针由外向内翻转碗盖，左手大拇指、食指与中指随即捏住盖钮将翻起的盖正盖在碗上。

3. 烫碗

开盖后注水三分满，右手虎口分开，大拇指与中指搭在内外碗沿两侧，拿起盖碗，左手相扶，右手手腕呈逆时针运动，双手协调令盖碗内各部位充分接触热水后弃水。

4. 弃水

右手端盖碗，平移于水盂上方，举手向左侧翻手腕，水即流进水盂。

六、置茶手法

（一）开闭盖

1. 套盖式茶样罐

双手捧住茶样罐，两手大拇指用力向上推外层盖，边推边转动茶样罐，使各部位受力均匀，这样比较容易打开。当茶样罐松动后，右手虎口分开，用大拇指与食指、中指捏住外盖外壁，转动手腕取下后按抛物线轨迹移放到茶盘右侧后方角落；取茶完毕仍以抛物线轨迹取盖扣回茶样罐，用两手食指向下用力压紧盖好后放下。

2. 压盖式茶样罐

双手捧住茶样罐，右手大拇指、食指与中指捏住盖钮向上提盖，沿抛物线轨迹将其放到茶盘右侧后方角落；取茶完毕依前法将盖子回放于茶样罐上。

（二）取茶样

1. 茶荷、茶匙法

左手横握已开盖的茶样罐，开口向右移至茶荷上方；右手以大拇指、食指及中指三指手背向下捏茶匙，伸进茶样罐中将茶叶轻轻扒出拨进茶荷内；目测茶样量，认为足够后右手将茶匙搁放在茶荷上；依前法取盖压紧盖好，放下茶样罐；右手重拾茶匙，从左手托起的茶荷中将茶叶分别拨进冲泡器具中。用名优绿茶冲泡时常用此法取茶样。

2. 茶匙法

左手竖握或端起已开盖的茶样罐，右手放下罐盖后弧形提臂转腕向茶匙筒边，用大拇指、食指与中指三指捏住茶匙柄取出；将茶匙插入茶样罐，手腕向内旋转舀取茶样；左手应配合向外旋转手腕令茶叶疏松易取；茶匙舀出的茶直接投入冲泡器；取茶毕，右手将茶匙复位；再将茶样罐盖好复位。此法适用于多种茶的冲泡。

3. 茶荷法

右手握（托）住茶荷柄（茶荷口朝向自己），左手横握已开盖的茶样罐，凑到茶荷边，手腕用力令其来回滚动，茶叶缓缓散入茶荷；将茶叶由茶荷直接投入冲泡器具中，或将茶荷放在左手（掌心朝上、虎口向外）上，令茶荷口朝向自己并对准冲泡器具口，右手取茶匙将茶叶拨入冲泡器具。足量后右手将茶匙复位，两手合作将茶样罐盖好放下。此法常用于壶泡法。

七、冲泡手法

冲泡时的动作要领：头正身直，目不斜视；双肩齐平，举臂沉肘（一般用右手冲泡，左手半握拳自然搁放在桌上）。

（一）单手回转冲泡法

右手提随手泡，手腕逆时针回转，令水流沿茶壶（茶杯）口内壁冲入茶壶（杯）内。

（二）双手回转冲泡法

如果开水壶比较沉，可用此法冲泡。双手取茶巾置于左手手指部位，右手提壶，左手垫茶巾部位托在壶底；右手手腕逆时针回转，令水流沿茶壶（茶杯）口内壁冲入茶壶（杯）内。

（三）凤凰三点头冲泡法

用手提随手泡高冲低斟反复三次，寓意向来宾三鞠躬以示欢迎。高冲低斟是指右手提壶靠近茶杯（茶碗）口注水，再提腕使随手泡提升，接着压腕靠近茶杯（茶碗）继续注水。如此反复三次，恰好注入所需水量，提腕断水。此法常用于玻璃杯及盖碗冲泡。

（四）回转高冲低斟法

壶泡时常用此法。先用单手回转法，右手提随手泡注水。令水流先从茶壶壶肩开始，逆时针绕圈至壶口、壶心，再提高水壶令水流在茶壶中心处持续注入，直至七分满时压腕低斟（仍同单手回转手法），水满后提腕断水。淋壶时也用此法，水流从壶肩—壶盖—盖钮，逆时针打圈浇淋。

八、茶巾折叠法

（一）长方形（八层式）

用于杯（盖碗）泡法。以此法折叠茶巾呈长方形置于茶巾盘内。以横折为例，将正方形的茶巾平铺桌面，将茶巾上下对应横折至中心线处，接着将左右两端竖折至中心线，最后将茶巾竖着对折即可。将折好的茶巾放在茶盘内，折口朝内。

（二）正方形（九层式）

用于壶泡法。以横折为例，将正方形的茶巾平铺桌面，将茶巾下端向上折至茶巾2/3处，接着将茶巾对折；然后将茶巾右端向左竖折至2/3处，最后对折即呈正方形。将折好的茶巾放在茶盘边，折口朝内。

泡茶基本手法是茶艺人员必须掌握的基本操作技能，练习正确熟练后，就为学习成套泡茶技艺奠定了基础。一方面，茶艺人员担负着推广茶艺、普及茶文化等责任，因此，在练习各项泡茶技艺时应从严把握，一招一式皆有法度。个人习茶者不必拘泥于书本，自创个人的冲泡风格未尝不可。另一方面，对基本知识的掌握要求也不尽相同。在校大学生有了习茶后的从容心态，便有了一个比较踏实的做人态度，今后无论做什么都比较容易打开局面。就个人习茶者而言，原则上以对相关基础知识的了解为主。一旦成为爱茶之人，自然会对茶的一切充满兴趣并不断学习。正如孔子所说："知之者不如好之者，好之者不如乐之者。"

第三讲 水与器

第一节 水

茶与水，亲如手足，这是因为水乃茶之色香味形的载体。饮茶时，茶中各种物质的呈现、愉悦快感的产生、无穷意会的回味，都要通过水来实现；茶中各种营养成分和保健功能，最终需通过水冲泡茶叶，经眼看、鼻闻、口尝的方式来达到。如果水质欠佳，茶中内含的许多物质就会受到损害，甚至污染，人们在饮茶时，既闻不到茶的清香，又尝不到茶的甘醇，还看不到茶的晶莹，进而失去饮茶给人们带来的种种益处，尤其是品茶给人们带来的物质、精神和文化享受。

一、鉴水由来

唐代以前的中国，尽管长江以南地区饮茶已较为普遍，但那时饮茶比较粗放，宜茶水品并未引起茶人的足够关注。进入唐代以后，茶事日渐兴旺，饮茶成为风尚，尤其是陆羽对茶业的卓越贡献以及精湛的茶艺，使众多饮茶者燃起了炽热的饮茶热情，开创了"比屋皆饮"的饮茶黄金时代，并随着清饮雅赏饮茶之风的倡导，使喝茶解渴上升为艺术品饮。人们在汲水、煮茶和品茶过程中，对水有了特殊的要求。唐代张又新《煎茶水记》记载，最早提出鉴水试茶的是唐代刘伯刍，他通过"亲挹而比之"，列出天下水品依次分为七等，即"扬子江南零水第一；无锡惠山寺石水第二；苏州虎丘寺石水第三……"

而与刘伯刍差不多同时代的陆羽，在江苏扬州与御史李季卿同品南零水时，根据实践所得，提出"楚水第一，晋水最下"，并将天下宜茶水品，依次点评为二十等。进而断定"庐山康王谷水帘水第一；无锡县惠山寺石泉水第二；蕲州兰溪石下水第三"。不论陆羽品水结论是否正确，但他强调茶与水的关系，提出饮茶用水有优劣之分，并采用调查研究方法去品评水质，是符合科学道理并值得学习的。

古代茶人对宜茶水品的论述颇多，但由于历代品茗大家嗜好不一，条件不同，以致对天下何种水沏茶最宜，看法也不完全一致，结论亦有一定差异。综合起来，大致可归纳为以下几种论点：择水择"源"；水品在"活"；水味在"甘"；水色需"清"；水质应"轻"。

历代品茗大家对宜茶水品的论述都有一定的科学道理，但也不乏片面之词。宋徽宗赵佶精于评茶鉴水，编纂《大观茶论》，提出宜茶水品"以清轻甘洁为美"，这是元代以前历代茶人对水品评述的经验总结。清代梁章钜在《归田锁记》中明确指出，好的茶品必须有好的水质相配。他认为"山中之水，方能悟此消息"。为此，他又认为只有身入山中，甘泉沏香茗，方能真正品尝到"香、清、甘、活"的茶品。

二、水品选择

"扬子江心水，蒙山顶上茶"；"采取龙井茶，还烹龙井水"。有关"佳茗"配"美泉"之说，各地都有。也就是说，有了好茶，还须有好水，才能"茶经水品两足佳"。中国饮茶史上，许多茶人常常不遗余力，为赢得"一泓美泉"，以至"千里致水"也不在话下。现将几种主要的泡茶用水简单介绍如下：

（一）泉水

泉水以及因此形成的山溪水，大多是经山岩石隙和植被沙粒渗析而汇涓成流的。所以，水质较清纯、杂质少、透明度高、污染小，常含有较多的矿物质元素。

用泉水和山溪水泡茶固然很好，但水源和流经途径的不同，其溶解物、含盐量和水的硬度等都有较大差别，因此并非所有泉水和山溪水都是优质的，例如硫黄矿泉水等便是不能泡茶的。另外，泉水也不可能随处可得。为此，人们还发明了不少改造沏茶用水的方法。

目前，在城镇中大量供应的矿泉水大致可分为两种：一是天然矿泉水；二是市售的桶装矿泉水。天然矿泉水在各地多有发现。一般来说，只要水质无污染、无杂质，符合国家饮用水标准，均可用来沏茶。若浑浊，可选用无污染的桶，盛装矿泉水后静置一昼夜，让悬浮物质沉淀，其上部洁净的矿泉水可直接用来泡茶。若用活性炭芯的净水器过滤效果更好。有条件者也可用离子交换净水器，除去矿泉水中的钙镁离子，可使硬水接近软水，效果尤佳。对市售的桶装矿泉水，在生产时厂家已经过水质处理，可直接煮沸沏茶。

（二）江、河、湖水

此类水属地面水，通常含杂质较多，浑浊度大，特别是靠近城镇之处，更易受污染。但在远离人烟的地方，污染物少，水又常年流动，这样的江、河、湖水仍不失为沏茶的好水。钱塘江的上游是富春江，那里的严子陵滩水经陆羽品评，认为系"天下第十九泉"。富春江上游的新安江是钱塘江的源头，这里的江水不但水质清澈见底，而且喝起来有点甜，道理就在于此。

另外，有些江、河、湖水虽然比较浑浊，但只要是活水，无污染，经过处理同样可以成为泡茶好水。

一般来说，用江、河、湖水泡茶，需把握三点：①汲取常年流动的"活水"；②尽量避开村落密集之处，防止水质污染；③酌情经过澄清处理。

（三）井水

井水属地下水，一般来说，悬浮物含量较低，透明度较高。但井水多数属浅层地下水，特别是城市井水，易受污染，用来泡茶，有损茶味。不过也有例外，如北京故宫博物院文华殿东侧的大庖井，曾是皇宫的重要饮水来源；湖南长沙城内著名的白沙井，其水是从砂岩中经过层层过滤后涌出的清泉，不但水质好，而且终年长流不息，汲之沏茶，色、香、味俱佳。

综上所述，井水是否适宜泡茶，不可一概而论。一般来说，凡深井地下水有耐水层保护，污染少，水质清洁；而浅井地下水易被地面污染，水质较差。所以，深井水比浅井水好。

城市中的井水受污染多，有的还常带有异味，一般不宜泡茶；而农村井水受污染少，水质较好。所以，农村井水比城市井水好。

经常汲取的井水，由于多汲而使静水变"活"；而不常汲的井水，即使水源较好，也会使水变"滞"，水质变差。所以，常汲的井水比常搁的井水要好。

（四）雪水和雨水

雪水和雨水被称为"天泉"，尤其是雪水，更为茶人所推崇，用雪水煮茶，茶汤甘美清凉。唐代白居易的"融雪煎香茗"；元代谢宗可的"夜扫寒英煮绿尘"；清代曹雪芹的"扫将新雪及时烹"，都是赞美雪水沏茶的名诗名句。时至今日，我国一些农村仍保留有"冬藏雪，夏煮茶"的习俗。

雨水又称"天落水"，受历代茶人所推崇。秋天雨水，因天高气爽，空中尘埃少，水味清冽，当属上品；江南梅雨季雨水，因天气沉闷，阴雨连绵，因此水味甘滑，稍有逊色；夏季雨水，雷雨阵阵，飞沙走石，因此水质不净，也会使茶味"走样"。但总体来说，不论是雪水，还是雨水，与江、河、湖水相比，都要洁净得多，不失为泡茶的好水。

但是，受大气污染的雪水和雨水是不能用于泡茶的。

（五）自来水

一般来说，城市自来水厂供应的自来水，经过水质处理，已达到生活用水的国家标准。但自来水普遍带有漂白粉的氯气气味，若直接用来泡茶，会使茶的滋味和香气逊色。因此，若用自来水泡茶，一般需经过以下处理：

1. 水缸养水

将自来水存放陶缸内，静置一昼夜，待氯气挥发殆尽，再煮沸泡茶。

2. 净水器处理

在自来水龙头出口处转接离子交换净水器，以除去自来水中的氯气、钙镁等矿物质离子，成为离子水。此法特别适用于北方，因北方自来水水源多为呈弱碱性的地下水，去离子后能使自来水达到中性或弱碱性，用这种水沏茶，往往能取得较好的效果。

3. 沸腾法

对急需饮用而又来不及处理的自来水，可适当延长开盖煮沸时间，让氯气散发殆尽，用来泡茶也能取得较好的效果。

（六）纯净水

纯净水一般是采用蒸馏法或超滤法（可去除有机物质）制取的水，它们与离子交换净水器处理的水一样，优点是无污染，少杂质，水质洁净，符合卫生指标，可直接用来煮水沏茶。但遗憾的是，它们在去除杂质的同时，往往将一些有益于身体健康的矿质元素也一并去除了。如果长期饮用纯净水，会减少人体对某些微量元素的吸收，不利于身体健康。另外，沼泽水、变质的"死水"，以及碱性较强或含有铁质的水，都有损茶的色香味，不宜泡茶。

现代科学证明，泡茶用水有软水和硬水之分。正常情况下，自然界中只有雪水和雨水，以及经加工制成的纯净水和蒸馏水才称得上是软水，其他如泉水、江水、池水、湖水、井水等，无一不是硬水。用软水沏茶，固然香浓味醇，自然可贵。但另一方面，像雨水和雪水，虽然未曾落地，但也会受大气污染而含有尘埃和其他溶解物，甚至不及江水、湖水。用硬水沏茶，固然有损茶的纯洁"本色"，但硬水的主要成分是碳酸钙和碳酸镁，一经高温煮沸，就会立即分解沉淀，使硬水变为软水，同样可以泡得一杯香茗。

三、烧水的学问

有了好茶，还需有好水。有了好水，还需有好的煮水方法。古往今来，无数茶人的实践证明，好茶没有好水，就不能把茶的品质充分发挥出来；有了好水，但煮水不"到家"，"火候"掌握得不好，也无法彰显出好茶、好水的风格，甚至会使茶汤变味，茶色走样，茶香趋钝。所以，煮水用什么燃料，盛什么容器，烧到什么程度都大有讲究。

（一）烧水燃料

苏轼云，"活水还须活火烹"，所谓"活火"，是指有焰的炭火。古人认为，煎水燃料以木炭最好，硬柴（如槐树、桑树、枥树、桐树等）次之。凡沾染油腥味焚烧而成的木炭，含有油脂的木柴（如柏树、桂树、桧树等）以及腐朽的木材，都不宜用作烧水燃料。

如今烧水燃料很多，在农村用得较多的有柴、煤、炭等，也有家庭使用煤气、天然气；在城镇用得较多的是煤气、天然气、电、酒精等。不论采用何种燃料，对煮水燃料的选择都需要把握两个原则：一是燃烧物的燃烧性能要好，热量要大而持久，才能保证烧出来的水既具有鲜爽刺激味，又富含营养；二是燃烧物不能带有异味或冒烟，才能保证煮水时不致污染水质，泡出来的茶汤才能保持原有本色。以上几种煮水燃料，除电以外，其他燃烧物或多或少都有气味产生。为此，煮水时还应注意以下几点：

① 但凡用柴灶、煤灶煮水，灶上都应装设烟囱，排出烟气。若在室内用普通煤炉煮水，还应装上排气扇。

②不宜使用带有油、腥味的燃料煮水。煮水期间，也不宜存放带有异味的物质，以免污染水质。

③若使用煤、炭、柴等燃料煮水，应先将燃料点燃后，再搁上盛水容器开始煮水，以免沾染烟味。

④煮水场所应通风透气，以免聚集烟味或异味。盛水烧煮的容器，也应加盖密封，以免水质受污染。

因此，饮茶用水的烧煮，最好选择煤气、酒精、电等燃料。既清洁卫生，又简单方便，还能达到活火快煮的目的，可谓宜茶用水的上好燃料，颇受茶人的欢迎。

（二）烧水容器

水器具必须经过选择，否则会对泡茶用水产生不良影响。一般来说，主要考虑三个方面：

①烧水器具的质地和材料。古时多用铁锅烧水，但常含铁锈、水垢，所以需对锅腔经常进行冲洗，否则用含有铁质的水泡茶，会使绿茶茶汤变暗，红茶茶汤变褐，影响茶汤滋味的鲜爽，大大降低茶的品饮和欣赏价值。此外，有不少茶艺馆选用金属茶壶煮水，但对于人体健康而言，用金属茶壶煮水在一定程度上会提高　　　　中某些金属离子的含量，未必是上品。若用陶茶壶烧水，虽然容易散热，但　

②烧水器具的洁净度，不但对泡茶用水的透明及　　　　　会对茶汤滋味造成影响。传统中国农村习惯用铁锅烧水，若不能专用，就可　　　　用水沾染油污，影响茶汤滋味。

③煮水器具容量的大小、器壁的厚薄以及传热性能的好坏等。若烧水器具容量大，器壁厚，传热性能差，烧水时间过长，其结果就是水质变"钝"，失去鲜爽味。用来泡茶，茶汤会失去鲜灵的口感，变得"呆口"。目前，居家或茶艺馆一般都用烧水壶煮水。以质地而言，瓦壶为佳。但在多数场合，使用的是铝壶、不锈钢壶。以壶的大小而言，以煮一壶水能装满一热水瓶即可。若用水量大，也可用电热水器煮水，当水开始沸腾时，即可盛于热水瓶中保存，切忌在电热水器中长储久沸，使水失去鲜活感。另外，在闽南和广东潮汕地区，历来崇尚啜乌龙茶，煮水用玉书碨（小陶壶）。通常烧一壶水，可冲一道茶，这样既能烧出高质量的泡茶用水，又能平添啜乌龙茶的情趣。目前，在一些大中城市的茶艺馆中，流行采用小型石英壶煮水，下配酒精炉或电炉加热的自助方式。因壶壁透明，煮水时壶中水的沸腾程度清晰可见，通过自煮水、自泡茶、自品茶这一系列的自助行为，可使茶客感觉其乐无穷，平添品茶意境。科技发展日新月异，随着智能化电热煮水器的普及，遥控指挥也成为当下的时尚新品。

（三）煮水程度

要沏好茶，还得烧好水。对如何烧好水，古今茶人积累了许多经验，古人采用形辨、声辨和气辨相结合的方法。对煮水程度的把握，张源在《茶录·汤辨》中提出"汤有三大

辨十五小辨"的经验总结。按照当代中国茶人的分析，就是水未烧沸，谓之嫩；水烧过头，谓之老。当今生活饮用水，大多属于暂时性硬水，水中的钙镁离子在煮沸过程中会发生沉淀，从而变成适宜泡茶的软水。若煮水偏嫩，水中的钙镁离子会影响茶汤滋味。另外，在水的煮沸过程中，也能杀菌消毒，保证泡茶用水的卫生。倘若水烧过头，溶解于水中的二氧化碳气体挥发得一干二净，则会减弱茶汤的鲜爽味。此外，水中含有微量硝酸盐，在高温久沸的情况下水分不断蒸发，亚硝酸盐浓度会相对提高，不利于人体健康。所以，资深品茶人不喜欢饮用反复烧开的水，或者用锅炉蒸汽长时间加热煮沸的开水泡茶。用这种水泡的茶，饮起来总带有熟汤味，原因就在于此。由此可见，古人所谓"水老不可食"是很有道理的。总之，烧水需把握两点：一要急火快煮，不可文火慢烧；二要防止烧得过"老"或过"嫩"，程度要适中。

第二节　器

一、茶具知识

（一）初识茶具

从人们开始饮茶起就有了茶具，与饮茶相关的器具都统称为茶具。现在使用的茶具种类繁多，有泡茶的茶壶，饮茶的茶杯、茶盅，烧水的随手泡，分茶的公道杯，闻香的闻香杯，当作泡茶平台的茶盘，储茶的茶叶罐，等等。

古代和现代的饮茶方式不同，所以茶具也不一样。我国有着古老的茶文化，据史籍记载，我国农业和医学的开创者——神农氏最早发现并利用了茶叶。自汉代至隋唐，人们喝茶的风尚逐步形成。唐代盛行煮茶，把茶叶蒸软、捣烂做成普洱茶那样的茶饼，然后碾成茶粉，倒进锅里煮着喝。其中蒸茶的蒸笼、捣茶的杵臼、碾茶的茶碾、煮茶的锅、舀茶的瓢、喝茶的茶碗都是茶具。唐代把专门喝茶的器具称为茶器或汤器。唐代中期，被后世尊为"茶圣"的陆羽在《茶经》中把采茶、制茶的工具称为茶具；把煮水、泡茶的器具称为茶器。和现在不一样，宋代盛行点茶法，这是对唐代茶具的一大发展。点茶是将开水注入盛有细茶粉的茶盏里，拍打出泡沫后再饮用茶水。宋代点茶不用锅烧水，而是用汤瓶；茶盏是点茶和饮茶的双重茶具，十分重要；拍打出泡沫的茶筅是新出现的茶具，很有特色。到了明代，人们喝茶就与现在几乎一样了，冲泡散茶叶，盖碗、茶杯、茶壶等都是必备茶具。

现在有些茶室、茶艺馆为了装点饮茶环境、熏陶宁静氛围用的物品，如熏香、字画、插花、摆件等，统称为茶道具。

（二）茶具的时代特色

唐代是我国茶文化逐渐实现全民普及的时期，特别是陆羽的《茶经》问世后，饮茶之风更加盛行。从唐代起，茶具的发展变得多姿多彩。

唐代中期，陆羽总结了前代和当时的饮茶方法，在《茶经》中列举了28种茶具，其中并无茶壶和茶盏。因当时的饮茶习惯是用茶碾将茶饼碾成粉投进锅里煮，然后将茶水倒入茶碗。当时倒水的器具叫作汤瓶，不叫茶壶。宋代从唐代的煮茶法变为点茶法，同时出现了散茶及泡散茶的茶壶，而且紫砂陶壶已经面世。宋人饮茶比唐人精致多了，盛行"斗茶"之风，出现了唐代没有的新茶具。这一时期中国茶文化向日本、朝鲜半岛传播，至今这些地区的一些茶社团还保持着中国的唐宋遗风。元代逐渐普及了宋代揉、炒、焙、烘的条形散茶冲饮法，就像今天用开水沏茶喝一样。这样，茶具中的碾、罗筛、火钳、茶笼等都可省略不计。确切地说，元代是从唐宋茶饼煮饮到明清散茶泡饮的过渡时期。一切已有茶具都在这一阶段混合使用。例如，元代将顾渚山和武夷山的贡茶院、御茶园改称磨茶院，既有茶饼也有散茶。对于茶具来说，除了汤瓶，还有茶壶。元代统治中国不足百年，未留存茶著作，但有茶诗画，证明了元代上继唐宋、下启明清的茶事发展。到了明代，因散茶的蓬勃发展，朱元璋废除了团饼茶的进贡，饮茶方式与现在相比，几无区别。茶壶和盖碗开始普遍使用。自明代起，茶从"饮"进入了"品"的境界，这是有茶以来的最高层次。

到了清代，因统治者的推崇和社会经济的发展，茶和茶具也迎来了发展的巅峰时期，瓷器中的盖碗和陶器中的紫砂壶就是茶具中的佼佼者。中华民国至中华人民共和国成立之初，经过半个世纪的战乱，百姓生活极不安定，经济十分萧条，民间茶具的生产仅处于小作坊式的维持阶段。1949年中华人民共和国成立，人民建设国家的热情空前高涨，通过合作化生产等方式，使陶瓷工业得到了恢复和发展。1957—1976年，受"文化大革命"的影响，科技与文化界人士普遍不能发挥创造性，陶瓷工业发展停滞，仅仅停留在生产日用必需品上。中国进入改革开放以后，以经济发展为中心，特别是茶文化的复苏，使茶具在品类、产量、工艺、质量及设计创新等方面都迅速超过了历史水平，有关茶具的专著及技工的培养、发展、壮大都处于空前繁荣阶段。

（三）少数民族地区的特色茶具

少数民族地区因饮茶习俗各不相同，所用的茶具也各具特色。有些少数民族习惯喝砖茶，至今仍然保持着煮茶的习惯，使用的是金属茶具。例如，南疆维吾尔族习惯煮香茶，使用的是铜质茶壶，称"萨马瓦"；云南撒尼人将茶投入紫铜制成的铜壶，煮的茶称"铜壶茶"。除了煮茶的茶壶，连喝茶的茶碗、茶杯也有金属制品，甚至还有金银制成的茶具，例如藏族盛酥油茶的茶具很多都是金银加工而成的，非常华丽。有些少数民族地区还使用竹木茶具。例如，傣族喜欢喝"竹筒茶"，把晒干的春茶倒进刚砍的香竹筒内，再放在火上烘烤，烤干后剖开竹筒，取出茶柱，掰下少许放进碗内冲饮。这种竹筒茶既有竹子的清香，又有茶叶的茶香。此外，还有竹杯、竹碗等茶具。藏族和蒙古族还使用木碗当茶具，不仅轻巧美观，还有效地避免了金属的笨重和瓷器的易碎。

除了金属茶具和竹木茶具外，少数民族地区也用上釉的陶器茶具。例如，拉祜族饮用的"烧茶"，就是把新茶放在烧烫的铁片上烘烤，然后放进陶罐内煮饮。这种茶水苦中带甜、焦中带香。还有罐罐茶，罐罐茶是甘肃部分山区的回族、苗族、彝族、羌族等少数民族沿用至今的一种独特的品茗风俗习惯。主要茶具是陶罐，通常做法是将冰糖、红枣、枸杞、桂圆和茶叶放进陶罐，然后将陶罐放在火炉上熬煮，边烤火、边聊天、边喝茶，顺带吃几口馍馍，温暖无限、其乐融融。除了上述茶具，少数民族地区也使用一些瓷器茶具和玻璃茶具。

二、茶具的材质

茶具在饮茶活动中扮演的角色，或静谧或活泼，或庄重或悠闲；可质朴可华贵，可热闹可安然；有附庸风雅者，也有超凡脱俗者。造成如此多样化的原因，除了装饰造型外，很大程度上取决于茶具的材质。

（一）陶茶具

茶具的材质首先要从古老的陶质开始追本溯源，正是陶器开启了人类生活文明的进程。

陶茶具是用黏土烧制的饮茶用具，分为泥质和夹砂两大类。由于不同黏土所含金属氧化物的百分比不同，以及烧制环境与条件的差异，使陶器呈现红、褐、黑、白、灰、青、黄等颜色。陶器成型，从最初的捏塑法逐渐进化为泥条盘筑法、模制法、轮制成型法，无不体现了劳动人民的智慧结晶。成型法的进步与烧制温度有莫大的关系。7000多年前的新石器时代，陶器的烧制温度只需600~800℃，当时的陶器陶质粗糙且松散。到1世纪以前，出现了带图案、花纹装饰的彩陶，其烧制温度也上升到1000℃。至商代，出现了胎质较为细腻洁白的印纹硬陶，其烧制温度已达1100℃。战国时期盛行的彩绘陶和汉代创制的铅釉陶，为唐代唐三彩的制作工艺打下了基础。到了西晋，杜育《荈赋》首次提及陶茶具："器择陶简，出自东瓯。"而唐代陆羽在《茶经》中首次将茶具从饮具中分离出来，单独列为一个系统，其中记载的陶茶具就有熟盂等器具。陶茶具走向巅峰，是从紫砂陶器的成功烧制开始的，其中的紫砂壶更是历经千百年风雨，至今繁荣昌盛。北宋时期，陶茶具已成为我国茶具的主要品种之一，并逐渐走向世界各地。紫砂壶和一般陶器不同，壶的内外壁均不施釉，采用江苏宜兴的紫泥、红泥、白泥、黑泥等焙烧而成。由于成陶火温较高，烧结密致，胎质细腻，既不渗漏，又有肉眼看不见的气孔，经久使用，还能吸附茶汁，蕴蓄茶味，且传热慢、不烫手；若热天盛茶，不易酸馊，即使冷热剧变，也不会破裂；如有必要，甚至可以直接放在炉灶上煨炖。其造型简练大方，色调淳朴古雅。明代文震亨在《长物志》中记载："壶以砂者为上，盖既不夺香，又无熟汤气。"《桃溪客语》也记载，阳羡（宜兴）瓷壶自明季始盛，上者与金玉等价，可见其非同一般的身价。

（二）瓷茶具

紫砂壶最初传入西方国家时，西方人亲切地称它为"红色瓷器"。可见，比紫砂器更让世人称赞的是我国的瓷器。也正因为紫砂器的极大成功，才将瓷器推上了历史舞台，由此，陶器中除了紫砂器外皆逐渐落寞消逝，并为瓷器所取代。

瓷器简洁明亮、动静皆宜，无论独自一人饮茶还是三五好友相聚，瓷器都能传达出不一样的美感。北宋诗人黄庭坚在《满庭芳·北苑龙团》中写下了"纤纤捧，冰瓷莹玉，金缕鹧鸪斑"的著名诗句，似在形容自己手中的这个鹧鸪斑盏，一人饮茶，难得安静，茶好，盏好，不知不觉间天色已晚。唐代刘言史在洛北与孟郊煎茶时，写道："湘瓷泛轻花，涤尽昏渴神。"可见，一种瓷器一种茶，各有千秋味。

瓷器茶具的品种很多，主要有白瓷、青瓷、黑瓷和彩瓷。这些茶具在中国茶文化发展史上都曾有过辉煌岁月。

1. 白瓷茶具

早在唐代，白瓷就有"假白玉"之称。白瓷茶具具有坯质致密透明，上釉、成陶火度高，无吸水性，音清而韵长等特点。因色泽洁白，能高度映衬出茶汤色泽，传热、保温性能适中，加之色彩缤纷、造型各异，遂被爱茶人士视为茶具中的珍品。

唐代饮茶之风日盛，相应地也促进了茶具生产的大发展，在全国先后涌现了不少以生产茶具著称的著名窑场。窑厂各出奇招，相互竞争。据《唐同史补》记载，河南巩县瓷窑在烧制茶具的同时，还塑造了"茶圣"陆羽的瓷像，客商每购茶具若干件即赠送一座陆羽瓷像，以招揽生意。当时河北邢窑生产的白瓷器具已"天下无贵贱通用之"。其他如浙江余姚的越窑、湖南的长沙窑、四川的邑窑等都盛产白瓷茶具，且各有特色，其中又以江西景德镇出产的白瓷茶具最著名。北宋时期，景德镇出产的瓷器茶具，质薄光润，白里泛青，雅致悦目，并有影青刻花、印花和褐色点彩装饰。在元代，江西景德镇白瓷茶具就已远销国外。此外，传统的"广彩"茶具也很有特色，其构图花饰严谨，闪烁有光，人物古雅有致，再经过施金加彩，宛如千丝万缕的金丝彩线交织于锦缎之上，呈现出金碧辉煌、雍容华贵的气派。

2. 青瓷茶具

青瓷大致出现于东汉年间，其色泽纯正，透明发光，深受人们喜爱。到了晋代，青瓷茶具开始流行，当时青瓷的主要产地在浙江，当地的越窑、婺窑、瓯窑已具备相当规模，龙泉窑更是名噪一时。最初，最流行的青瓷茶具是一种叫"鸡头流子"的有嘴茶壶。六朝以后，许多青瓷茶具都有莲花纹饰。唐代的茶壶又称"茶注"，壶嘴又称"流子"，形式短小，取代了晋代的鸡头流子。

龙泉窑青瓷，以造型古朴挺健、釉色翠青如玉著称于世，是瓷器百花园中的一朵奇葩，被人们誉为"瓷器之花"，特别是制瓷艺人章生一、章生二兄弟俩的"哥窑""弟窑"产品，无论釉色或造型，都达到了极高的造诣。因此，"哥窑"被列为"五大名窑"之一，

"弟窑"被誉为"名窑之巨擘"。

"五大名窑"指宋代烧制瓷器的5个名窑，即官窑、哥窑、定窑、汝窑、钧窑。它们是宋代制瓷业高度发达的象征。

哥窑瓷以胎薄质坚，釉层饱满，色泽静穆著称，有粉青、翠青、灰青、蟹壳青等，其中以粉青最为名贵。釉面显现纹片，且纹片形状多样，纹片大小相间的称文武片，似细眼的称鱼子纹，类似冰裂状的称北极碎，还有蟹爪纹、鳝血纹、牛毛纹等。这些别具风格的纹样图饰，是因釉原料的收缩系数不同产生的，给人以"碎纹"之美感。

弟窑瓷以造型优美，胎骨厚实，釉色青翠，光润纯洁著称，有梅子青、粉青、豆青、蟹壳青等，其中以粉青、梅子青为最佳。滋润的粉青酷似美玉，晶莹的梅子青宛如翡翠。其釉色之美，至今无出其右。

16世纪末，龙泉青瓷出口法国，轰动整个法兰西，人们用当时风靡欧洲的名剧《牧羊女》中的女主角雪拉同的美丽青袍与之相比，称龙泉青瓷为"雪拉同"，视为稀世珍品。当时，浙江龙泉哥窑生产各类青瓷器，包括茶壶、茶碗、茶盏、茶杯、茶盘等，瓯江两岸盛况空前，群窑林立，烟火相望，运输船舶往返如梭，一派繁荣景象。

除龙泉窑外，汝窑也是我国青瓷的主要产地之一。它在汝州境内（今河南省汝州市、宝丰县一带），烧制的青瓷有天青、豆青、粉青、葱绿、天蓝等色，其中又以天青最为有名，有"雨过天晴无去处"之美誉。它的釉质中因掺有玛瑙末，所以与其他瓷器相比异常润泽，观之有凝脂滴泪感，视之如碧玉般细腻醇和，釉汁中经常出现蟹爪纹、鱼子纹和芝麻花纹等纹路。明代曹昭在《格古要论》中形容其"土脉滋媚，薄甚亦难得"，"滋媚"二字就是汝瓷独有的美誉了。

纵观明代瓷器，青瓷尤为珍贵，素以质地细腻、造型端庄、釉色青莹、纹路雅丽而蜚声中外。在当代，青瓷茶具又有新的发展，它不仅色泽青翠，而且冲泡绿茶，更有益汤色之美，因此，深受茶人的喜爱。

3. 黑瓷茶具

黑瓷茶具，始于晚唐，鼎盛于宋代，延续于元代，衰落于明、清。宋代福建斗茶之风盛行，斗茶者们认为建安窑所产黑瓷茶盏最适合斗茶，因而驰名全国。宋人衡量斗茶的效果，一看茶面汤色花泽和均匀度，以"鲜白"为先；二看汤花与茶盏相接处水痕的有无和早晚，以"盏无水痕"为上。时任三司使给事中的蔡襄，在《茶录》中明确记载："视其面色鲜白，著盏无水痕者为绝佳。建安斗试，以水痕先退者为负，耐久者为胜。"而黑瓷茶具，正如宋代祝穆在《方舆胜览》中记载："茶色白，入黑盏，其痕易验。"因此，宋代的黑瓷茶盏，成为瓷器茶具中的最大品种。

黑瓷茶盏，既有纯黑釉色的品种，也有添加纹饰的品种，除了兔毫盏外，油滴盏也是不可多得的上好佳品。它的纹路如油从盏边顺势滴落留下的痕迹，是瓷器中难得一见的珍品，成品率比兔毫盏还低。另外，还有一种鹧鸪斑盏，即黄庭坚在《满庭芳·北苑龙团》

中提及的"金缕鹧鸪斑",实为稀世珍品,时至今日发现的有关样本都寥寥无几。据熊寥在《中国陶瓷与中国文化》中所述,"鹧鸪斑"不是指鹧鸪鸟背部紫赤相间的羽毛,而是指其胸部遍布白点、正圆如珠的羽毛,因为这种胸部散缀着圆珠白点的羽毛,正是鹧鸪所独具的风韵。

黑瓷在福建建窑、江西吉州窑、山西榆次窑等地都有生产,其中福建建窑是黑瓷茶具的主要产地。那么,黑瓷的各种纹饰从何而来呢?经研究,与烧制温度有关。当烧窑温度达到1300℃时,黑瓷中的氧化铁就会融入釉中,当釉质流动时,铁质也会流动形成不同的纹饰,窑温冷却时,就会从中析出赤铁矿小晶体,形成星星点点的不同纹路。正是这些不同的纹路,使茶汤一旦入盏,就能呈现点点光辉,进而增加斗茶的情趣。后来,由于明代的"烹点"法与宋代不同,黑瓷建盏"似不宜用",逐渐作为一种备选项,开始走向衰落。

4. 彩瓷茶具

彩瓷茶具的花色品种很多,尤其以青花瓷茶具最引人注目。青花瓷茶具是以氧化钴为成色剂,在瓷胎上直接描绘图案纹饰,再涂上一层透明釉,然后在窑内经1300℃左右高温烧制而成的器具。但是,对"青花"色泽中"青"的理解,古今亦有所不同。古人将黑、蓝、青、绿等色统称为"青",故"青花"的含义比现在要广。其特点是花纹蓝白,相映成趣,有赏心悦目之感;色彩淡雅,幽青可人,有华而不艳之力。加之彩料之上涂釉,显得滋润明亮,平添了青花茶具的魅力。

(三)玉石茶具

玉石是自然界中色彩美观、质地细腻、光泽柔润,由单一矿物或多种矿物组成的岩石,如绿松石、芙蓉石、青金石、欧泊、玛瑙、玉髓、石英岩等。狭义的玉石简称玉,专指硬玉(如翡翠等)和软玉(如和田玉、南阳玉等)。中国是世界上利用玉石最早的国家,已有7000多年的历史。玉石是比较高贵的一种矿石,古人视其为圣洁之物,认为它是光荣和幸福的化身,是权力、地位、吉祥、刚毅和仁慈的象征。一些外国学者也把玉石称为我国的"国石"。

我国最著名的玉石是新疆和田玉,它与河南独山玉、辽宁岫岩玉和陕西蓝田玉,并称为"中国四大玉石"。玉石是一种纯天然环保石材,自古以来就是高档茶具的首选材料。玉石茶具经精雕细琢,赋石头以灵性,与茗茶并容,每一款茶具都独具匠心,美观大方,极富个性。且石质茶盘具有遇冷遇热不干裂、不变形、不褪色、不吸色、不粘茶垢、易清洗等优点。正所谓茗茶润玉,传世收藏。

因为玉石的珍贵稀有,所以人们一般都将玉石茶具用来鉴赏收藏,几乎不用来泡茶。据史料记载,明万历年间,明神宗来到梵净山后,下令将玉石雕刻成佛像,供奉在皇宫,并下令将玉石制成茶具、酒具,赏赐给有功之臣。可见,玉石茶具也仅限于权贵往来送礼之用,民间罕见。

（四）漆器茶具

漆器艺术是中华民族传统文化的瑰宝之一，在上古黄河、长江流域盛行，有春秋、战国和汉代古墓葬出土的大量精美漆器为证。生漆的原产地多在川黔一带，只是到了近代，福建漆器以其独特的脱胎漆器工艺异军突起。漆器的制作方法是采割天然漆树液汁进行炼制，掺入所需色料，从而制成绚丽夺目的器件。因此，福建脱胎漆器与北京景泰蓝、江西景德镇瓷器并称为"中国传统工艺三绝"。

总体来看，北京雕漆茶具、福州脱胎茶具、江西鄱阳等地生产的脱胎漆器等均为比较知名的漆器茶具，各自具有独特的艺术魅力。其中，福建生产的漆器茶具尤为多姿多彩，如"宝砂闪光""金丝玛瑙""仿古瓷""雕填"等均为脱胎漆器茶具，具有轻巧美观、色泽光亮、耐温耐酸等特点，是名副其实的艺术品。

（五）竹木茶具

竹木茶具和古老的陶器一样，平凡普通又毫不起眼。廉价的原料、粗糙的工艺和不耐保存的特性，可以说都是历史忽视它的直接原因，但辛苦劳作的人民没有选择忽视，很多人都曾用过竹碗或木碗泡茶。例如，海南等地利用椰壳制成的壶、碗泡茶，不但经济实用，还颇具艺术性；用木罐、竹罐装茶，则更加随处可见。又如，福建武夷山等地的乌龙茶木盒，在盒上绘制山水图案，制作精良，别具一格。还有作为艺术品的黄阳木罐、二黄竹片茶罐等，不仅是馈赠亲友的珍品，而且极富实用价值。历史上，竹木茶具在隋唐以前比较盛行。当时粗放的饮茶之风将茶具分为陶器和竹木两种，陶器茶具供上层人士使用，竹木茶具则由底层人们使用。竹木茶具来源广泛，制作方便，对茶无污染，对人体也无害，连茶圣陆羽都十分推崇，他在《茶经·四之器》中列出了20余件茶具，多数都是竹木制成的。

尽管竹木茶具一直受到茶人们的欢迎，但其缺点是不能长时间使用，无法长久保存，以致失去文物价值。直至清代，四川出现了一种竹编茶具，从而改变了竹木茶具的命运。这种茶具不但色调和谐、美观大方，而且能保护内胎，减少损坏；泡茶后不易烫手，极富艺术欣赏价值。因此，很多人争相购置竹编茶具，不在其用，重在摆设和收藏。

竹编茶具既是一种工艺品，又富有实用价值，主要品种有茶杯、茶盅、茶托、茶壶、茶盘等，多为成套制作。竹编茶具由内胎和外套组成，内胎多为陶瓷类饮茶器具，外套用精选慈竹，经劈、启、揉、匀等多道工序，制成粗细如发的柔软竹丝，经烤色、染色，再按茶具内胎形状、大小编织嵌合，最终形成整合一体的茶具。竹木茶具在日本非常流行，甚至形成了"茶道六君子"，包括茶匙、茶针、茶漏、茶夹、茶则和茶桶。它们外形小巧精致，质地古朴纯然，与茶香、墨香相得益彰，是日本茶具中不可或缺的一部分。

（六）金属茶具

金属茶具贯穿于茶具发展史的每一角落，堪称一部史诗级巨制。它是指由金、银、铜、铁、锡等金属材料制成的茶具。金属茶具是中国最古老的日用器具之一，早在公元前

18世纪至公元前221年秦始皇统一中国的约1500年间，青铜器就得到了广泛的应用。

1. 金银茶具

金银茶具的第一个制作高峰是在隋唐时期。尤其是唐代，经济繁荣、国盛民富、人民思想开放等因素促使茶具呈现出一派欣欣向荣的景象，其中金银茶具更是出现了第一个制作高峰。

以唐代金银器的三大考古发现为依据，我们不难看出唐代早中晚期的金银制造业工艺发展水平。这三大考古发现分别是西安何家村窖藏、扶风法门寺地宫、江苏丁卯桥窖藏。这一时期正处于7—9世纪，恰好属于我国贸易往来的频繁期。隋末唐初的金银器具受到西方外来茶具的影响，一度流行高足杯、带把杯、长杯，盛行忍冬纹、缠枝纹、葡萄纹、联珠纹、绳索纹等，西方盛行的捶揲技术也被唐代工匠全面掌握。唐代中期，我国金银器具逐渐摆脱西方模式，按自身民族化的方向发展，很多器具外形为葵花形状或菱花形状，唐代后期则出现了官营和私营的作坊，金银器商品化使器物形制趋向单薄、简洁，而器物种类大大增加，出现了金银茶具等产品。宋代的金银茶具书写了无数华丽篇章。当时的人们饮茶以金银茶具为珍品，并视其为身份和财富的象征。蔡襄在《茶录·论茶具》中记载了当时流行的斗茶用具"茶椎、茶钤、茶匙、汤瓶"等均以黄金为上品，次则"以银铁或瓷石为之"。宋代银制茶具继承和发扬了唐代金银器模压、锤压、錾刻、焊接、镏金等传统工艺，并在此基础上创造了立体装饰、浮雕凸花和镂刻工艺，充分显示出宋代金银工艺制作的高超水平。

2. 锡茶具

锡具有质地柔软、可塑性强的特点，是排列在白金、黄金、银后面的第四种稀有金属，而锡制工艺品在我国已有2000多年的历史，例如锡茶具富有光泽、无毒、不易氧化，以及良好的杀毒、净化、防潮、防紫外线、保鲜等功能，经过熔化、压片、裁料、造型、刮光、装接、擦亮、装饰雕刻等复杂工序后才能成型。

锡茶具常用来储茶。因为它不但耐碱、无毒无味、不生锈、外观精美，而且非常实用。锡罐储茶器多制成小口长颈，其盖为圆桶状，密封性较好。

目前，人们收藏的锡茶具大多产于明代，是锡匠仿紫砂器制成的，以把玩为目的，锡茶具一出现就引起了大批文人的极大兴趣。同紫砂壶一样，锡茶具面市后不但很快跻身于珍品雅玩行列，而且名家辈出。例如，明代赵良璧、朱端开创了锡壶制作之先河，制造出了造型奇古、美轮美奂的精美锡壶，其价值甚至超过了商周流传下来的青铜器。后来，清代沈存周、卢葵生、朱石梅在制作工艺、材料、装饰等方面又有了新突破，使锡的制作工艺达到了顶峰，制作出了一批独具创新意味的锡器精品，包括礼器、饮具、食具、灯烛具、烟具、熏具、文具等，其中又以饮具最常见，而饮具中又以锡壶为多。

锡器的工艺多由纯度决定，97%及以下的锡器质地坚硬，适于机械加工，加工制成的锡器往往浑然一体，浮雕效果明显，但密封性不高，因此茶叶罐一般采用内外两层设计。

99.9%的锡器质地较软，纯手工制作，一件作品多为几部分合成，能够表现出高级的雕刻感和镂空工艺感，而且密封性很好，茶叶罐使用一个外盖即可达到良好的保存效果。

3. 铜茶具

据考证，目前世界上最早的铜器出现在土耳其，距今已有9000年的历史，我国最早的铜器出现在距今6000多年前的仰韶文化时期。尽管我国铜器出现时间稍晚一些，但使用规模、铸造工艺、造型艺术及品种却超越了其他任何国家。《宋稗类钞》记载："唐宋间，不贵金玉而贵铜磁（瓷）。"也就是说，唐宋时期，人们多用铜或瓷茶具饮茶，因为铜茶具相对于金玉来说，价格便宜，煮水性能好，又能保持香气，受众面广。

我国的铜茶具最常见的是铜煮壶，即专门用来煮沏茶水的壶。此壶具有传热快、耐用及不易损坏等特点。到了明末清初，铜水壶几乎一统天下，不论是茶馆还是普通百姓家庭都使用铜水壶，俗称铜吊。至今，人们还用铜吊泛指一切烧水壶。

需要提出的是，作为古玩收藏的铜煮壶，并非家用铜吊，而是指文人雅士或老茶客用来沏茶烧水的铜壶，有紫铜、黄铜与白铜之分，体积较小，且大多配有烧火架子。这些铜煮壶不仅造型小巧、玲珑别致，而且有的还镂花刻字，富有书卷气，年代大多在清末至民国时期。还有一种铜煮壶，将壶与架子融为一体，外壳呈方柜形，上面为壶，下面是烧木炭的炉膛，古色古香，令人喜爱。

世界上的铜质茶具以俄罗斯的茶炊（也称俄式茶壶）最具盛名，其造型、作用将铜的特点发挥到了极致，造型也充满了浓浓的俄式风情。

关于铜茶具还有一段佳话。1974年，赞比亚总统卡翁达第二次友好访问中国，并赠送毛泽东主席一套铜茶具，该国素以"铜矿之国"著称，其铜器自然闻名遐迩。会谈中，毛主席讲述了著名的"三个世界"理论，卡翁达总统顿时觉得耳目一新。谈累了，卡翁达总统取出铜茶具说："喝口水吧。"毛主席哈哈一笑，说："我不习惯铜茶杯。"接着，毛主席取出一只制作精致的景德镇瓷杯，卡翁达总统看了赞不绝口。毛主席风趣地说："我的虽好，但一摔就碎。你的虽沉，但耐摔。咱们是各有千秋！"

4. 玻璃茶具

玻璃茶具一般是用含石英的沙子、石灰石、纯碱等混合后，在高温下熔化、成型，再经冷却制成。玻璃茶具有很多种，如水晶玻璃茶具、无色玻璃茶具、玉色玻璃茶具、金星玻璃茶具、乳浊玻璃茶具等。

古人称玻璃为琉璃，实则是一种有色、半透明的矿物质。用这种材料制成的茶具，给人以色彩鲜艳、光彩照人之感。

在唐代，随着中外文化交流的增多，西方琉璃器具不断传入，我国劳动人民也开始烧制琉璃茶具。在陕西扶风法门寺地宫出土的、由唐僖宗供奉的素面圈足淡黄色琉璃茶盏和玻璃茶具，以及素面淡黄色的琉璃茶托，都是地道的中国琉璃茶具。虽然造型原始，装饰简朴，质地浑浊，透明度低，但却表明我国的琉璃茶具在唐代已经起步，在当时堪称珍贵之物。

唐代诗人韦应物曾写诗赞誉琉璃："有色同寒冰，无物隔纤尘。象筵看不见，堪将对玉人。"难怪唐人在供奉法门寺塔佛骨舍利时，也将琉璃茶具列入供奉之物。

在宋代，我国独特的高铅琉璃器具相继问世。到了元代、明代，规模较大的琉璃作坊在山东、新疆等地出现。清代康熙年间，在北京开设了宫廷琉璃厂。然而从宋代至清代，这些厂家多以生产琉璃艺术品为主，仅仅生产了少量茶具制品，始终没有形成琉璃茶具的规模生产。

在现代，玻璃器皿有了快速发展。玻璃质地透明，光彩夺目，外形可塑性大，形态各异，用途广泛。用玻璃杯泡茶，茶汤的鲜艳色泽、茶叶的细嫩柔软、茶叶的舒卷跳跃等都一览无余，可以说是一种动态的艺术欣赏。特别是冲泡各类名茶，茶具晶莹剔透，杯中清雾缥缈，澄清碧绿，芽叶朵朵，亭亭玉立，观之赏心悦目，别有一番风趣。而且玻璃杯价廉物美，深受广大消费者的欢迎。美中不足的是，玻璃容易破碎，且比陶瓷更烫手。不过也出现了一种经特殊加工制成的钢化玻璃制品，其牢固度较好，通常在火车上和餐饮业中使用。

玻璃茶具表面都很通透，但是内在还是有很大差别。一般来说，正品茶具玻璃厚度均匀，阳光照射下非常通透，而且敲击声音清脆，大都经过抗热处理，不会出现炸裂的情况。个别玻璃茶具价格便宜，敲击声音发闷，色泽浑浊，抗热性能也一般。尤其是煮花草茶的玻璃茶壶，如果抗热性能差，危险性就会增大。识别玻璃茶具的优劣，可观察其侧壁有无明显横纹，有横纹的为手工制品，玻璃壁厚实耐用；无横纹或横纹少的由模具制成，玻璃壁较薄易破损。

三、择器之道

茶具的传播意味着茶叶在世界范围内的欣欣向荣。据考证，日本是最先引入我国茶叶的国家。唐朝国盛民富，经济繁荣，便利的交通开辟了世界贸易的局面。日本的遣唐使和留学生来到了富饶的长安城，此后他们接触到我国的茶叶，由他们带回日本的茶叶得到了僧侣们的认同，僧侣们将茶叶视为神圣的药剂，可治百病，于是茶叶就进入了日本的佛寺。此后，又在圣武天皇天平元年（729年）进入日本宫廷，出现在一些重要仪式上。有资料显示，当时日本宫中大法时常用茶作为供奉，体现了茶在日本人心中神圣的地位和圣洁的象征。

现在，在东大寺的正仓院中还保存着当时所用的茶具——茶碗。这个茶碗为当时大佛开眼供养时所用，它见证了我国茶文化在日本最初的繁荣。

后来，桓武天皇延历二十四年（805年），日本传教大师最澄从中国将茶种带回日本并广泛种植。当时的皇宫法要会式里已有用茶的记录，但甚为短暂，因遣唐使制度在宇多天皇宽平六年（894年）已被废止。

直至宋朝国力兴盛起来，日本荣西禅师再次将我国的茶带回了日本，此时正值平安时代（794—1192年）末期，荣西禅师不仅将茶带回了日本，同时还将我国的茶道一并带回。

随后，日本饮茶之风日渐兴盛，我国的茶具也开始受到关注。日本人非常喜爱我国宜兴的紫砂壶和景德镇的白瓷茶具。加藤左卫门到我国研究制瓷业返回日本后，开始发展陶瓷生产制造业。1510年，五良大甫来到景德镇研究瓷器后，还将景德镇制造青瓷、白瓷的技术和所需原料带回日本，开创了日本烧制瓷器的先河。五良大甫在我国学习制瓷的五年期间，还化名吴祥瑞，生产了祥瑞瓷器。16世纪，日本茶道创立后，茶具便伴随着日本茶道直至今天。

继日本之后，茶开始传播到亚洲各地。大部分朝鲜人喜欢饮用日本茶，他们将茶叶放入锅中用沸水烹煮，饮用时配以生鸡蛋和米饼，边喝茶边吸蛋液，蛋液吸尽后开始吃米饼，并没有专业茶具。饮茶时配以专业茶具的亚洲国家和地区有土耳其、克什米尔地区、某些中亚地区和一些阿拉伯国家。

我国的茶和茶具于16世纪传入欧洲，是由荷兰人引进的。当时进入荷兰的茶具是薄如蛋壳的精制茶壶和茶杯。将它们传播开来的则是荷兰富人的妻子们，她们通常在家中专门布置一间茶室来招待客人，而且格外注重茶具的使用。她们将茶叶存放在银丝镶嵌的小瓷茶盒中备用，饮茶时每个茶壶还配有银制滤器。除家庭茶室外，商业茶室的逐渐增加也为茶的传播起到了至关重要的作用。

在欧洲的茶文化传播中，不得不提到葡萄牙公主卡特琳，她于1661年嫁给英国国王查理二世，同时也把饮茶习惯带进了英国宫廷。当时，茶在伦敦咖啡馆中专供男子饮用，茶汤像啤酒一样用小桶盛装，而单身女子不得入内。卡特琳公主嫁入王室后，英国宫廷逐渐养成了自己特殊的饮茶习惯。

17世纪乔治一世时期，我国绿茶随福建武夷红茶进入英国市场。当时的英国人视茶叶为贵重物品，在家中设置装潢富丽的茶箱，并加锁珍藏。这种茶箱用木料、龟板、黄铜或者白银制成，里面分装绿茶和红茶。彼时的饮茶习惯是把可供一杯或数杯的茶叶放入壶内，然后注入沸水浸泡片刻，再续添沸水，直至每个人认为适当时方可停止加水，开始饮用。这里的壶是指来自我国的壶，小而精致，价格奇高。在英国的茶具史上，安妮女王扮演了很重要的角色，因为她喜欢饮茶并且喜欢欣赏茶具，所以带动了宫廷内外注重饮茶的风气，当时上流人士的早餐都流行以茶代替麦酒，所用茶具除茶杯和茶匙外还有茶壶，茶壶则以安妮女王所欣赏的钟形银壶为上品。除了皇室外，英国的文人武将也很喜欢饮茶，例如诗人拜伦，他喜欢在饮茶时加入乳酪。政治家葛拉德士顿也是当时颇有名气的饮茶名家。而名将威灵顿喜欢饮茶是因为茶总能带给他清醒的头脑……

在欧洲，除了英国，俄罗斯的饮茶风气也很浓厚。俄罗斯人有一套自己的"俄罗斯式"饮茶法。茶具有茶缸、茶壶、茶杯、茶盘、茶碟等，这些茶具具有浓烈的俄罗斯风情，其材质通常采用铜、黄铜或白银，精美华丽，且体态较为壮硕。由此可见，欧洲国家饮茶以荷兰最早，其次是英国，再次是俄罗斯。饮茶法则以英国最考究，荷兰学习英国，而俄罗斯又有所创新。

美洲国家饮茶以美国最早，在19世纪，美国人已经形成晚餐饮茶的习惯。美国人饮茶喜欢饮袋装茶，简单方便。他们把茶分为两种，热茶和冰茶，热茶适宜冬天喝，冰茶适宜夏天喝。他们用壶泡茶，用杯饮茶，围着茶几，吃着点心。美国也有茶室，但和其他国家的茶室不一样，这里是小吃的天下，称为"茶园"。其次是加拿大，加拿大人虽然茶叶消费量大，但几乎只饮红茶。茶具常用茶壶、茶匙和茶杯，特别喜欢陶制茶壶。

大洋洲的饮茶国家为澳大利亚和新西兰。这两个国家的畜牧业发达，饮茶习俗比较类似我国的内蒙古、西藏等地。他们多用锡罐和镀镍的壶煮茶，茶汤浓厚。

非洲人也饮茶，例如摩洛哥人就将我国的绿茶视为珍宝；埃及人则喜欢红茶，他们在饮茶时喜欢加糖或薄荷，用玻璃杯冲泡。

茶具随着各地饮茶之风的兴起而逐渐盛行起来，它融合了饮茶人的喜好、风格、文化、背景等元素，与茶叶一起成为人们生活的一部分。但是茶具的传播远不止于此，它还出现在各种艺术作品中，借助艺术的神奇力量将它快速地传播到世界各地。例如，日本荣西禅师撰写的《吃茶养生记》是日本的第一部茶著作，这部专著让日本人见识了茶的各种功效。藏于日本西京市博物馆的《明惠上人图》定格了明惠上人在松林下坐禅的画面，明惠上人高辨在宇治栽植了第一棵茶树，成为日本爱茶人士尊崇的对象。

此外，日本人还创作了采茶歌和采茶舞，采茶歌韵律简单、朗朗上口，很多儿童都会唱，采茶舞则常由艺伎表演。

日本也有写茶的诗，最著名的是淳和亲王（后来的淳和天皇）所著《散怀》：

> 绕竹环池绝世尘，孤村迥立傍林隈。
>
> 红薇结实知春去，绿鲜生钱报夏来。
>
> 幽径树边香茗沸，碧梧荫下澹琴谐。
>
> 凤凰遥集消千虑，踯躅归途暮始回。

关于茶具，18世纪西川所绘《菊与茶》起到了一定的传播作用。这幅图的主体是一位日本绅士面对一盆菊花静坐，中心是一群女性，右侧廊下则是茶釜和茶壶之类的茶具。此外，一些关于茶道仕女的画作也涉及日本茶具。

处于东方的日本如此，西方亦毫不吝啬地在各类艺术作品中展现茶与茶具的魅力。例如，1771年，爱尔兰人像画家那塔尼尔·候恩为女儿绘制的画像就无意识地成就了一幅动人的饮茶图。画中少女身着锦服，披一件皎洁似雪的花边针织披肩，右手捧碟，碟上放着一只无柄的茶杯，左手则用小银匙搅动杯中的热茶。又如，乔治·莫兰的名画《巴格尼格井泉的茶会》则展现了一个家庭聚集在名园中用茶的情景。桌上的茶具精致华美，呈现出一派格调高雅的氛围。此外，玛丽·卡斯特的《一杯茶》和米勒的《人物与茶事》等绘画作品对茶文化的研究也异常珍贵，不可忽视。

对于热情奔放的西方人来说，极富感染力的歌唱艺术也对茶的推广起着重要作用。比勒的《亭中茶》就是一首喜剧歌曲，它描述了一位住在乡下的年轻人邀请城中好友观赏被昆虫毁坏的园亭小径后，请他们随意坐在毛虫与青蛙之间，"饮茶于亭中"的有趣故事。另外，美国作曲家路易斯·艾耶尔斯·加纳特创作了一首高音歌曲《茶歌》，通过讲述准备日本茶道时的快乐时光，生动地展现了茶文化的美好，此曲的旁白部分由一位来自日本的"褐色小姑娘"为大家展示，十分具有感染力。

文学方面，1663年，埃德蒙特在《饮茶王后》中赞道："花神宠秋色，嫦娥矜月桂。月桂与秋色，美难与茶比。"

在诸多文学作品中，尤其不能忽视的是伯考所写的《课业》，通过这首诗我们能领略到无比欢快的饮茶方式，也窥见到西方人所用的茶具：

> 搅拨炉火，速闭窗格；
>
> 垂放帘帷，推转座椅。
>
> 茶瓮气蒸成柱，
>
> 沸腾高鸣唧唧；
>
> 快乐之杯不醉人，
>
> 留待人人，
>
> 欢然迎此和平夕。

很难想象诗中描述的"茶瓮"是一种什么样的茶具，能"气蒸成柱"，对于我国任何一种茶具来说，它都称得上庞然大物吧！

茶具通过生活，通过艺术、宫廷、名流的传播，布衣百姓也纷纷将其视若珍宝。因为爱它，人们或吟诵、或歌唱、或书写、或描绘，世界有多广阔，茶具的舞台就有多广阔。

第四讲 绿 茶

一、绿茶加工工艺

绿茶初制：初制工艺分杀青、揉捻和干燥三大工序。加工关键是利用高温破坏酶的活性，抑制多酚类物质的酶性氧化，体现汤清叶绿的品质特征。绿茶初制过程中多酚类物质保留量为85%左右。

绿茶是一种不发酵茶类，其加工工序为：杀青→揉捻→干燥。

绿茶利用高温（锅炒或蒸汽）杀青，钝化酶的活性，抑制多酚类物质的酶性氧化，保持汤清叶绿的特色。在一般情况下，绿茶的品质在杀青工序中已基本形成，后续工序只是在杀青的基础上进行造型、蒸发水分、发展香气。因此，杀青工序是绿茶品质形成的基础。绿茶类的品质特征是汤清、叶绿，俗称三绿——干茶绿、茶汤绿、叶底绿。在内质上要求香气高爽、滋味鲜醇。但不同的花色品种，在品质上仍然各有特色。由于杀青和干燥方法不同，绿茶可分为蒸青绿茶、炒青绿茶、烘青绿茶和晒青绿茶4类。

（一）蒸青绿茶

蒸青绿茶是最古老的茶类，唐代出现的蒸青散茶至今仍在不少地方保留着类似的制法。例如湖北省的恩施玉露、江苏宜兴的阳羡茶等。现在日本生产的玉露茶、煎茶以及茶道惯用的"抹茶"等都是蒸青茶。

蒸青绿茶制法：除少量手工炒制外，目前以机制为主。其制作工艺流程为：鲜叶→蒸汽杀青→粗揉→中揉→精揉→烘干→成品。

蒸青绿茶的品质特点：干茶呈棍棒形，色泽绿，茶汤浅绿明亮，叶底青绿，香气鲜爽，滋味醇和清鲜。日本人称蒸青绿茶为具有真色、真香、真味的天然风味茶。

（二）炒青绿茶

炒青绿茶始于明代（蒸变炒），是我国产量最多、分布最广的一种茶。因成品外形不同又分为以下四种：

① 长炒青：如江西婺源的婺绿炒青，安徽屯溪、休宁的屯绿炒青，浙江淳安、遂昌的遂绿炒青，浙江温州的温绿炒青等。精制加工后的产品统称眉茶，主要用于外销。

② 圆炒青绿茶：即珠茶，是浙江特产。特点是外形浑圆紧结，香高味浓耐冲泡。主要销往西北非国家。

③ 扁炒青绿茶：如龙井、大方等。产于浙江、安徽等省。

④ 卷曲炒青绿茶：如碧螺春等，产于江苏省。

炒青绿茶有长条形、圆形、扁形、卷曲形等不同形状，都是在杀青以后用不同造型手法制成的。其基本工艺为：杀青→揉捻（或不揉捻，只在锅中进行造型）→炒干。

炒青绿茶是在炒锅中完成的，因此具有以下品质特点：

外形：色泽绿润，呈条、圆、扁或卷曲。要求紧结匀整。

内质：栗香居多，也有清香型。要求香气持久、滋味浓醇爽口、汤色绿亮、叶底黄绿明亮。

（三）烘青绿茶

烘青绿茶简称烘青。一般来说，直接饮用的不多，常用作窨制花茶的茶坯。另外，也可采摘细嫩芽叶制成毛峰茶，如黄山毛峰、太平猴魁、华顶云雾、永川秀芽等都属此类。

烘青绿茶的基本制法：杀青→揉捻造型→烘干。

烘青绿茶的品质特点：一般是条索细紧完整，显峰毫；色泽深绿油润，细嫩者茸毛特多；气味清香，滋味鲜醇；汤色清澈明亮；叶底匀称，嫩绿明亮。

（四）晒青绿茶

晒青绿茶主要产于云南、四川、湖北、广西、陕西等省、自治区。除部分作散形茶饮用外，大部分晒青茶原料粗老，多用于制紧压茶，如青砖、康砖、沱茶等。晒青绿茶的质量以云南大叶种所制滇青最好。以滇青茶为例，其制法为：杀青→揉捻（特别粗老者不揉捻晒干）→晒干。

滇青茶品质特点：外形条索粗壮肥硕，白毫显露，色泽深绿油润，香味浓醇，富有收敛性，耐冲泡，汤色黄绿明亮，叶底肥厚。

二、绿茶生产区域

（一）茶区划分

1. 华南茶区

华南茶区包括大樟溪、雁石溪、梅江、连江、浔江、红水河、南盘江、无量山、保山、盈江以南、福建南部、台湾地区、广东中南部、海南、广西南部、云南南部等地区。该区域气温高、湿度大，冬暖夏长，年平均气温在18～22℃，年降雨量在1500～2000毫米，全年采茶期长达9个月，绿茶品种丰富，品质优良。

2. 江南茶区

江南茶区包括福建中北部、广东北部、广西北部、浙江、湖南、江西、湖北南部、安徽南部以及江苏南部。该区域年平均温度在15～18℃，年降雨量在1400～1600毫米。由于该茶区冬季受到北方冷气团侵袭，温度多降至0℃以下，不适宜种植大叶种茶树，但适合栽种中型圆叶种及小叶种茶，尤其适合制作绿茶。

3. 西南茶区

西南茶区位于米仓山、大巴山以南，红水河、南盘江、盈江以北，神农架、巫山、方斗山、武陵山以西，大渡河以东，包括贵州、重庆、四川、云南中北部和西藏东南部地区。该区域地形复杂，产茶种类也有差异。除四川东南部与云南西南部气温较高外，其他地区适宜栽种绿茶。四川盆地和云贵高原气候温和，无强风烈日，冬暖夏凉，年平均气温在15～19℃，年降雨量在1000～1700毫米，土层深厚，排水良好，沿河密布高大的野生茶树，已被公认为世界茶树的原产地。

4. 江北茶区

江北茶区南起长江，北至秦岭、淮河，西起大巴山，东至山东半岛，包括甘肃南部、陕西南部、河南南部、湖北北部、安徽北部、江苏北部、山东东南部等地区，是我国最北的茶区。该区域地形复杂，气温在12～15℃，冬冷夏热，温差大，年降水量常在1000毫米以下。土壤多为黄棕土，不少茶区酸碱度略偏高，以种植耐寒、抗旱的小叶茶树为主。

（二）各省绿茶

1. 浙江省

出产的绿茶有杭州的西湖龙井、莲芯、雀舌、莫干黄芽，天台的华顶云雾，嵊县的前岗辉白、平水珠茶，兰溪的毛峰，建德的苞茶，长兴的顾渚紫笋，景宁的金奖惠明茶，乐清的雁荡毛峰，天目山的天目青顶，普陀的佛茶，淳安的大方、千岛玉叶、鸠坑毛尖，象山的珠山茶，东阳的东白春芽、太白顶芽、桐庐的天尊贡芽，余姚的瀑布茶、仙茗，绍兴的日铸雪芽，安吉的白茶，金华的双龙银针，婺州的举岩、翠峰，开化的龙顶，嘉兴的家园香茗，临海的云峰、蟠毫，余杭的径山茶，遂昌的银猴，盘山的云峰，江山的绿牡丹，松阳的银猴，仙居的碧绿，泰顺的香菇寮白毫，富阳的岩顶，浦江的春毫，宁海的望府银毫，诸暨的西施银芽，等等。

2. 安徽省

出产的绿茶有休宁、歙县的屯绿，黄山的黄山毛峰、黄山银钩，六安的瓜片、齐山名片，太平的太平猴魁，休宁的休宁松萝，泾县的涌溪火青、泾县特尖，青阳的黄石溪毛峰，歙县的老竹大方、绿牡丹，宣城的敬亭绿雪、天湖凤片、高峰云雾茶，金寨的齐山翠眉、齐山毛尖，舒城的兰花茶，桐城的天鹅香茗、桐城小花，九华山的闵园毛峰，绩溪的金山时茶，休宁的白岳黄芽、茗洲茶，潜山的天柱剑毫，岳西的翠兰，宁国的黄花云尖，霍山的翠芽，庐江的白云春毫，等等。

3. 江西省

出产的绿茶有庐山的庐山云雾，遂川的狗牯脑茶，婺源的茗眉、大鄣山云雾茶、珊厚香茶、灵岩剑峰、梨园茶、天舍奇峰，井冈山的井冈翠绿，上饶的仙台大白、白眉，南城的麻姑茶，修水的双井绿、眉峰云雾、凤凰舌茶，临川的竹叶青，宁都的小布岩茶、翠微金精茶、太沽白毫，安远的和雾茶，兴国的均福云雾茶，南昌的梁渡银针、白虎银毫、前岭银毫，吉安的龙舞茶，上犹的梅岭毛尖，永新的崖雾茶，铅山的苦甘香茗，遂川的羽绒茶、圣绿，定南的天花茶，丰城的罗峰茶、周打铁茶，高安的瑞川黄檗茶，永修的攒林茶，金溪的云林茶，安远的九龙茶，宜丰的黄檗茶，泰和的蜀口茶，南康的窝坑茶，石城的通天岩茶，吉水的黄狮茶，玉山的三清云雾，等等。

4. 四川省

出产的绿茶有蒙山的蒙顶茶、蒙山甘露、蒙山春露、万春银叶、玉叶长春，雅安的峨眉毛峰、金尖茶、雨城银芽、雨城云雾、雨城露芽，灌县的青城雪芽、邛崃的文君绿茶，峨眉山的峨芯、竹叶青，雷波的黄郎毛尖，达县的三清碧兰，乐山的沫若香茗。

5. 江苏省

出产的绿茶有宜兴的阳羡雪芽、荆溪云片，南京的雨花茶，无锡的二泉银毫、无锡毫茶，溧阳的南山寿眉、前峰雪莲，江宁的翠螺、梅花茶，苏州的碧螺春，金坛的雀舌、茅麓翠峰、茅山青峰，连云港的花果山云雾茶，镇江的金山翠芽，等等。

6. 湖北省

出产的绿茶有恩施的玉露，宜昌的邓村绿茶、峡州碧峰、金岗银针、随州的车云山毛尖、棋盘山毛尖、云雾毛尖，当阳的仙人掌茶，大梧的双桥毛尖，红安的天台翠峰，竹溪的毛峰，宜都的熊洞云雾，鹤峰的容美茶，武昌的龙泉茶、剑毫，咸宁的剑春茶、莲台龙井、白云银毫、翠蕊，保康的九皇云雾，蒲圻的松峰茶，隆中的隆中茶，英山的长冲茶；麻城的龟山岩绿，松滋的碧涧茶，兴山的高岗毛尖，保康的银芽，等等。

7. 湖南省

出产的绿茶有长沙的高桥银峰、湘波绿、河西园茶、东湖银毫、岳麓毛尖，郴县的五盖山米茶、郴州碧云，江华的毛尖，桂东的玲珑茶，宜章的骑田银毫，永兴的黄竹白毫，古丈的毛尖、狮口银芽，大庸的毛尖、青岩茗翠、龙虾茶，沅陵的碣滩茶、官庄毛尖，岳阳的洞庭春、君山毛尖，石门的牛抵茶，临湘的白石毛尖，安化的安化松针，衡山的南岳云雾茶、岳北大白，韶山的韶峰，桃江的雪峰毛尖，保靖的保靖岚针，慈利的甑山银毫，零陵的凤岭容诸笋茶，华容的终南毛尖，新华的月牙茶，等等。

8. 其他省份

福建省出产的绿茶有南安的石亭绿，罗源的七境堂绿茶，龙岩的斜背茶，宁德的天山绿茶，福鼎的莲心茶等。云南省出产的绿茶有勐海的南糯白毫、云海白毫、竹筒香茶，宜良的宝洪茶，大理的苍山雪绿，墨江的云针，绿春的玛玉茶，牟定的化佛茶，大关的翠华茶等。广东省出产的绿茶有高鹤的古劳茶、信宜的合箩茶等。广西壮族自治区出产的绿茶有桂平的西山茶，横县的南山白毛茶，凌云的凌云白毫，贺县的开山白毫，昭平的象棋云雾，桂林的毛尖，贵港的覃塘毛尖等。河南省出产的绿茶有信阳的信阳毛尖，固始的仰天雪绿，桐柏的太白银毫等。山东省出产的绿茶有日照的雪青、冰绿等。贵州省出产的绿茶有贵定的贵定云雾，都匀的都匀毛尖，湄潭的湄江翠片，遵义的毛峰，大方的海马宫茶，贵阳的羊艾毛峰，平坝的云针等。陕西省出产的绿茶有西乡的午子仙毫，南郑的汉水银梭，镇巴的秦巴雾毫，紫阳的紫阳毛尖、紫阳翠峰，平利的八仙云雾，等等。

恩施玉露（手工茶）　　　　　保靖黄金茶　　　　　　西湖龙井

三、绿茶冲泡

冲泡绿茶一般有三种投茶方式：上投法、中投法、下投法。

绿茶冲泡教学
（玻璃杯）

（一）备具

准备透明玻璃杯（根据品茶人数而定）、茶叶罐、随手泡（煮水器）、茶荷、茶匙、茶巾、水盂。

（二）赏茶

用茶匙从茶叶罐中轻轻拨取适量茶叶放入茶荷，供客人欣赏干茶的外形及香气，根据需要，可以简单介绍即将冲泡的茶叶的品质特征和文化背景，以激发品茶者的兴趣。因绿茶干茶细嫩易碎，所以从茶叶罐中取茶入荷时，应用茶匙轻轻拨取，或轻轻转动茶叶罐，将茶叶倒出。禁用茶则盛取，以免折断干茶。

（三）洁具

将玻璃杯一字摆开，或呈弧形排放，依次注入1/3杯的开水，然后从左侧开始，右手握住杯身，左手托杯底，逆时针缓慢倾斜并旋转杯身，使开水均匀接触杯壁，再将杯中的开水依次倒入水盂。当面清洁茶具既是对客人的礼貌，又可以让玻璃杯预热，避免冲泡时杯子骤热炸裂。

（四）置茶

用茶匙将茶荷中的茶叶一一拨入茶杯中待泡。每50毫升容量用茶1克。

（五）温润泡

　　将随手泡中适度的开水注入杯中，水温控制在80～85℃，注水量为茶杯容量的1/4左右，注意水流不得直接浇在茶叶上，应打在玻璃杯的内壁上，以避免烫坏茶叶。此泡时间掌握在15秒以内。

（六）摇香

　　右手轻握杯身，左手轻托杯底摇动三圈，激发茶香。

（七）冲泡

　　执随手泡以"凤凰三点头"方式高冲注水，使茶杯中的茶叶上下翻滚，有助于茶叶内含物质浸出，茶汤浓度达到上下一致。一般冲水入杯至七分满为止。

（八）奉茶

右手轻握杯身（注意不得捏杯口），左手托杯底，双手将茶杯送到客人面前，放在方便客人端取品饮的位置。茶杯放好后，向客人行伸掌礼，做出"请"的手势，并说"请用茶"。

（九）品茶

先端杯闻香，观察茶汤颜色，再端杯小口品啜，尝茶汤滋味，缓慢吞咽，让茶汤与味蕾充分接触，领略名优绿茶的风味。品尝"第一泡"时，重在体验绿茶的鲜爽；品尝"第二泡"时，重在体验绿茶的回甘。

（十）收具

将冲泡用的茶具收入茶盘，撤回。

第五讲 白 茶

一、白茶

白茶初制：中国传统茶类制法之一。传统白茶制法仅有萎凋、干燥两道工序。萎凋过程是形成白茶品质的关键，伴随着长时间的萎凋，鲜叶发生一系列的化学变化，形成遍披银毫、香气清鲜、滋味甘爽、汤色黄亮的品质特征。

白茶属于微发酵茶，是我国的特产，其他产茶国家均不生产白茶。最早的白茶是福建省的福鼎于1885年生产的银针，而生产白牡丹的是福建省建阳的水吉。时至今日，只有福建的福鼎、福安、政和、松溪、建阳等部分地区生产白茶。白茶大部分用于外销。在过去，银针主要销往俄罗斯、德国、法国和爱尔兰等地；白牡丹主要销往我国香港地区和东南亚国家。

白茶的品质特点：白茶多以细嫩的大白茶芽叶为原料。成茶外表为白毫所披覆，呈白色，故称白茶。在初制技术上不炒不揉，只晾晒或结合烘干，以保持茶叶之原型。

白茶有芽茶和叶茶之分，共有四个花色品种。单芽制成品称银针，叶片制成品称寿眉或贡眉，芽叶不分离的制成品称白牡丹。

白茶的品质特征以白牡丹为代表，外形芽叶连枝，叶态自然，叶背垂卷。两叶合抱心，绿叶夹银芽，形似牡丹花朵，故称白牡丹。由于白牡丹的芽呈银白色而芽毫显露，叶面呈灰绿色，叶背满披白毫，故以"青天白地"来形容；白牡丹的外形要求芽叶完整连枝、肥壮，叶面波纹隆起，切忌断碎；内质香气清鲜，毫香尽显，滋味鲜醇；汤色杏黄，清澈明亮；叶底嫩绿或淡绿，叶脉微红。

以大白茶品种与水仙品种分别制成的白牡丹称大白或水仙白。两种产品特征有所差别。大白茶芽叶肥壮，叶色黛绿，香味清鲜甘醇；水仙白叶张肥厚，毫心长，叶色墨绿，香味清芬甜醇。

贡眉外形比白牡丹瘦小，白毫少，叶面灰绿带黄色。寿眉不带毫芽，叶面灰绿带黄色，香味较低，滋味较淡，汤色较浅，叶底较粗硬。

白茶的加工工艺由萎凋、烘焙两道工序完成。尽管白茶的加工工艺简单，但鲜叶通过长时间的自然萎凋及加工处理，在适宜的温、湿、气、热条件下，其形态发生了深刻的物理化学变化，形成了白茶特有的外形与内质品质特征。

（一）白毫银针的制法与品质特点

白毫银针在福鼎、政和两地制法不同。福鼎银针又称北路银针，其特点是茶芽肥大、茸毛厚、水色晶莹。它的制法十分简单，将鲜叶置于强日光下晒至七成干，然后文火烘至足够干。政和所产银针又称西路银针，其特点是茶芽瘦长、茸毛略厚，外形较福鼎略差，但气味芬芳，口感较好。它的制法是将芽叶薄摊于筛子上，每筛半斤（250克）则移至通风处（或太阳下）晾晒至七八成干，然后在烈日下晒至足够干。

（二）白牡丹和寿眉的制法与品质特点

白牡丹用水仙品种，采用一次性全阴干或半阴干半烘干法制成。不揉、不炒，因此白牡丹的叶色灰绿带黄，稍呈银白光泽，夹以银白毫心，形状如牡丹花。水色橙黄清澈，清香微甜。寿眉是由银针采后留下的单片或短小芽叶制成的，制法与银针相同。

二、白茶生产区域

白茶主要产于福建福鼎、建阳、政和、松溪等地，可分为白芽茶和白叶茶两类。白芽茶产于福建的福鼎、政和、建阳等地，浙江泰顺也有少量生产。产于福鼎的白芽茶又称北路银针，采用烘干方式；产于政和的白芽茶又称南路银针，采用晒干方式。白牡丹是叶状白芽茶，产于福建建阳、政和、松溪、福鼎等县。贡眉又称寿眉，产于福建建阳、建瓯、浦城等地。太姥银针产于福建省福鼎县太姥山。此外，还有产于广西桂林的漓江春白茶，广西百色市凌云县的月芽白茶，江西上饶周圩茶场的仙台大白，广东省韶关市的水墨幽兰。

白毫银针

贡眉饼

贡眉

寿眉饼（2014）

寿眉（二级）

三、白茶冲泡

白茶的冲泡方法与绿茶基本相同，但因其未经揉捻，茶汁不易浸出，故冲泡的水温应较高，冲泡时间宜稍长，方能品味白茶的本色、真香和全味。

（一）备具

准备透明玻璃杯、杯托、茶叶罐、茶匙、茶荷、随手泡。

（二）赏茶

用茶匙拨取出白茶适量，置于茶荷中，供宾客欣赏干茶的外观。

（三）温杯洁具

依次冲淋盖碗、公道杯及品茗杯内外壁。通过高温水流彻底清洁茶具，同时预热所有器具。最后将废水倾入茶盂，确保器具洁净温热备用。

（四）置茶

每次拨取白茶2克左右，投入玻璃杯。

（五）温润泡

冲入少量开水，使杯中茶叶浸润10秒左右。

（六）摇香

右手轻握杯身，左手轻托杯底摇动三圈，激发茶香。

（七）冲泡

以"凤凰三点头"方式，往杯中注入开水，一般以七分满为宜。由于白茶加工时未经揉捻，茶汁不易浸出，所以冲泡时间较长。冲泡之初，茶叶会浮于水面，然后慢慢沉落杯底，茶汤呈杏黄色。

（八）奉茶

有礼貌地用双手端起杯托，奉给宾客饮用。

（九）品饮

白茶汤色杏黄明亮，香气清幽鲜嫩。

（十）收具

将冲泡用的茶具收入茶盘，撤回。

第六讲　黄　茶

一、黄茶

黄茶初制：分为湿坯焖黄（以君山银针为代表）和干坯焖黄（以霍山黄大茶为代表）两种。湿坯焖黄的主要工序包括杀青、摊放、初烘、摊放、初包（焖黄）、复烘、摊放、复包（焖黄）、干燥、熏烟分级。干坯焖黄的主要工序包括杀青、揉捻、初烘、堆积（焖黄）、烘焙、熏烟。

黄茶属轻微发酵茶，常见的有黄芽茶、黄大茶、黄小茶等花色品种。黄茶产于安徽、四川、湖南、浙江等地。由于鲜叶老嫩程度不同，黄茶可分为以下几种：以单芽制成的黄茶称为君山银针、蒙顶黄芽；以1芽2叶制成的黄茶称为黄小茶或黄汤；以1芽4～5叶制成的黄茶称为黄大茶。

黄大茶主要销往山东、苏北；黄小茶、黄汤主要销往华北、辽宁营口，天津、北京次之。

黄茶的品质特点：黄汤黄叶，香气清悦，滋味醇厚。黄大茶是叶大梗长，成茶呈自然金黄色，具有焦糖香气，色黄绿，叶尖呈黑绿色，开汤后叶底呈黄红色。黄小茶为黄汤，汤色黄而鲜亮，品质细嫩，叶底嫩黄。

黄茶的加工工艺与绿茶相似，仅比绿茶多一道焖黄工序，即杀青→揉捻→堆积焖黄→干燥。

二、黄茶生产区域

茶树原生长于亚热带地区，具有喜温暖、好湿润的特性，所以世界上绝大多数茶区（产茶国）都处于亚热带或热带气候区域，分布于南纬33°以北和北纬49°以南的五大洲，尤以南纬16°至北纬20°的茶区，最适宜茶树生长。我国黄茶主要产于湖南、湖北、四川、安徽、浙江和广东等地，其他地区也有少量生产。黄茶是我国独有的茶类，其按鲜叶老嫩和芽叶大小可分为黄小茶、黄大茶和黄芽茶。

（一）黄小茶的主要产区

黄小茶是采摘细嫩芽叶加工而成，主要包括湖南岳阳的"北港毛尖"、湖南宁乡的"沩山白毛尖"、湖北远安的"远安鹿苑"、安徽的"皖西黄小茶"和浙江平阳的"平阳黄汤"。"北港毛尖"是黄茶中的上等茶叶，是我国的特产，也是古代皇室的专用黄茶。

（二）黄大茶的主要产区

黄大茶是采摘1芽2～3叶甚至1芽4～5叶为原料的茶树鲜叶制成。主要包括安徽霍山的

"霍山黄大茶"，安徽金寨、六安、岳西和湖北英山所产的"黄大茶"和广东韶关、肇庆、湛江等地的"广东大叶青"。安徽的"霍山黄大茶"又以霍山大化坪金鸡山的金刚台所产黄大茶最名贵；"广东大叶青"为广东特产，其产地为广东韶关、肇庆、湛江等县市。

（三）黄芽茶的主要茶区

黄芽茶是采摘单芽1~2叶为原料的茶树鲜叶制成。主要有"君山银针""蒙顶黄芽""霍山黄芽"和"莫干黄芽"四种，其中最名贵的是产于湖南省岳阳市君山岛的"君山银针"和四川省名山县蒙山的"蒙顶黄芽"。"君山银针"清代纳入贡茶，而蒙顶茶自唐代开始，直至明、清皆为贡品，为我国历史上最有名的贡茶之一。

君山银针

龙游黄茶

莫干黄芽

三、黄茶冲泡

黄茶属于轻微发酵茶，其加工工艺与绿茶相似，仅比绿茶多一道"闷黄"工序，从而使黄茶具有黄汤黄叶、香气清悦、滋味醇爽的品质特点。在冲泡品饮时，可参照绿茶的泡饮方法。君山银针、蒙顶黄芽等均由单芽加工制成，属于黄芽茶类，宜用玻璃杯泡饮。

（一）备具

准备直筒形透明玻璃杯、杯托、茶荷、茶叶罐、茶匙、随手泡。

（二）赏茶

用茶匙拨取适量黄茶，置于茶荷中，供宾客观赏。

（三）置茶

每杯取黄茶约3克，拨入茶杯中待泡。

（四）高冲

用随手泡将90℃以上的开水注入茶杯1/3处，使茶芽湿透。稍后，再冲至七分满。冲泡后的黄茶，在水和热的作用下，茶芽渐次直立，上下沉浮，令人赏心悦目。

（五）品饮

持杯观色，近嗅其香，分三口缓啜，静品茶汤。

（六）收具

将冲泡用的茶具收入茶盘，撤回。

第七讲 青 茶

一、青茶

青茶俗称乌龙茶。乌龙茶初制：初制工艺包括萎凋（晒青）、做青（晾青、摇青）、杀青、揉捻、干燥等工序。工艺特点因产地不同有所差异：闽北乌龙重萎凋、轻摇青，发酵较重；闽南乌龙轻萎凋、重摇青，发酵较轻；广东乌龙接近闽南乌龙；台湾乌龙发酵较重。由于萎凋、做青工艺不同，各产地对具体标准的把握也有所不同，形成的品质自然有差异。乌龙茶的制造要特别注意采用适宜的茶树品种和特殊的采摘标准，才能发挥制茶工艺的最佳效应，最终获得优质产品。乌龙茶属于半发酵茶类茶，是介于不发酵茶（绿茶）与全发酵茶（红茶）之间的一类茶叶，因其外形色泽青褐，故又称青茶。乌龙茶冲泡后叶片上有红有绿，典型的乌龙茶叶片中间呈绿色，叶缘呈红色，素有"绿叶红镶边"之美称。这是由于乌龙茶制造过程中的摇青（即做青）工序，使叶缘碰撞破损红变所致。乌龙茶成品外形紧结重实，干茶色泽青褐，香气馥郁，有天然花香味；汤色金黄或橙黄，清澈明亮，滋味醇厚，鲜爽回甘。高级乌龙茶具有特殊的韵味，如武夷岩茶具有"岩韵"、铁观音具有"观音韵"、台湾冻顶乌龙具有"风韵"等品格。

乌龙茶产于福建、广东和台湾地区。产于福建武夷山的称为闽北乌龙，多数呈条形；产于福建安溪一带的称为闽南乌龙，多数呈半球形；产于广东潮州一带的称为潮州乌龙（单枞乌龙），呈条形。产于台湾的乌龙茶，有的呈半球形，如冻顶乌龙；有的呈条形，如文山包种茶。乌龙茶加工工艺：鲜叶→晒青→做青（摇青、晾青）→杀青→揉捻→烘焙→毛茶。

做青是乌龙茶加工最关键的工艺（传统的做青过程是在水筛上进行，用手转动筛子的同时两手搓叶，使叶缘相互摩擦，叶细胞破碎而变红；现在改用摇青机，转动摇青机使叶缘摩擦损伤）。乌龙茶的品质特征主要是在晒青、摇青过程中形成的。

乌龙茶因产地不同，加工工艺可分为三种类型。

闽北乌龙茶与广东乌龙茶加工工艺相似，重晒青（或室内加温萎凋）、重摇青，即发酵程度相对较重；没有包揉造型工艺。

传统的闽南乌龙茶加工工艺：晒青（加温萎凋）、摇青较轻，即发酵程度比闽北乌龙茶轻；有包揉造型工艺，即杀青→揉捻（热揉）→包揉→复包揉，包揉反复进行数次。

台湾和闽南仿台式（轻发酵）乌龙茶加工工艺：晒青（加温萎凋）、摇青较轻，即发酵程度轻，基本上保持绿叶绿汤的品质特征；有包揉造型工艺，即杀青→揉捻（冷揉）→

包揉→复包揉，包揉反复进行数次。

二、乌龙茶生产区域

乌龙茶按产地可分为福建乌龙茶、广东乌龙茶和台湾乌龙茶，其中，福建乌龙茶又可分为闽北乌龙茶和闽南乌龙茶。

闽北乌龙茶主要产于福建北部武夷山一带，包括武夷山岩壑中的"武夷岩茶"，武夷山九龙窠高岩峭壁上的"大红袍"、武夷山慧苑内鬼洞（一说在竹窠岩）的"铁罗汉"、武夷山慧苑洞火焰峰下外鬼洞（一说为武夷山文公祠后山）的"白鸡冠"、原植于武夷山杜葛寨峰下天心寺庙的"水金龟"，并称"四大名丛"。此外，闽北乌龙茶还有分布在武夷山水帘洞、三仰峰、马头岩、桂林岩及九曲溪畔的"武夷肉桂"，福建政和的"白毛猴"，福建武夷山市及建瓯的"八角亭龙须茶"，福建建瓯、建阳水吉、武夷山等地的"莲心茶"，福建建瓯、建阳、武夷山的"闽北水仙"，建瓯、建阳等地的"闽北乌龙"。

闽南乌龙茶主要产于福建南部安溪、永春、南安、同安等地，包括福建安溪西坪乡的"铁观音"，福建安溪虎邱乡（一说罗岩乡）的"黄金桂"，福建永春的"永春佛手"，福建安溪福美乡的"毛蟹"，福建漳州平和一带的"白芽奇兰"，福建安溪芦田三洋村的"梅占"，福建安溪长坑蓝田一带的"大叶乌龙"，福建南部及广东潮汕一带的"八仙茶"，福建明溪雪峰农场的"雪峰佛手"，以及闽南色钟和本山，等等。

广东乌龙茶主要产于广东东部地区，包括广东潮安凤凰乡乌岽山的"凤凰单丛"，广东潮安凤凰乡的"凤凰水仙"，广东饶平的"岭头单丛"，广东潮安凤凰乡石古坪村及大质山脉一带的"石古坪乌龙"，广东饶平的"饶平色种"，广东饶平平溪乡岭头、大团和饶洋镇西岩山的"大叶奇兰"，广东兴宁茶林场的"兴宁奇兰"，广东梅州白宫镇明山嶂的"白叶单丛"。

台湾乌龙茶源于福建，包括台湾台北、宜兰、桃园、新竹、苗栗、嘉义、南投、花莲、台东、屏东等市、县的"台湾包种"，台湾地区新北市坪林、石碇、新店、汐止、深坑等地的"文山包种"，台湾地区南投县鹿谷乡的"冻顶茶"，台湾地区台北市木栅区（现为文山区）的"木栅铁观音"，台湾地区中部、东部嘉义、南投、台东等县海拔800米以上高山新茶区的"高山乌龙"，台湾地区桃园、新竹、苗栗等县的"白毫乌龙"，台湾地区新竹县北浦乡、峨嵋乡的"东方美人"，台湾地区新竹县北浦乡、峨嵋乡以及苗栗县头屋、头份、三湾一带的"香槟乌龙"，新竹茶区的"膨风茶"，台湾地区新北市石门乡的"石门铁观音"，台湾地区台北市木栅区和新北市石门乡的"浓味乌龙茶"，台湾地区苗栗县头屋、头份、三湾一带的"福寿茶"，台湾地区南投县名间乡松柏岭一带的"松柏长青茶"，台湾地区南投县竹山镇及台湾各新茶区的"竹山金萱"，台湾地区桃园县龟山乡的"寿山茶"，台湾地区嘉义县阿里山乡、竹崎乡的"阿里山珠露茶"，台湾地区苗栗县头屋乡的"明德茶"。

特级台式乌龙

特级武夷石乳

武夷肉桂

特级武夷大红袍

三、乌龙茶冲泡

冲泡乌龙茶宜用紫砂壶、闻香杯和品茗杯组合，器温和水温要求双高，才能使乌龙茶的内质发挥得淋漓尽致。冲泡前，应先用开水淋壶温杯，以提高茶具的温度。乌龙茶适合"旋冲旋啜"，即边冲泡边品饮。浸泡时间过长，茶汤会失味且苦涩；出汤太快则色浅、味薄、失韵。三泡后，每次冲泡时间均应比前一泡延长10秒左右。优质乌龙茶"七泡有余香，九泡不失茶真味"。

乌龙茶冲泡教学（紫砂壶）

（一）备具

紫砂壶、闻香杯、品茗杯、双杯茶托、随手泡、茶叶罐、茶荷、茶匙、茶巾。

（二）翻杯

（三）赏茶

用茶匙从茶叶罐中拨取适量茶叶投入茶荷中，供宾客欣赏干茶的外形及香气。

（四）温壶

提壶注水，将沸水缓缓注入紫砂壶中，水量约至七分满。左手托壶，右手握壶轻摇两圈，倒入茶船中。

（五）置茶

用茶匙拨取茶叶入壶，也称"乌龙入宫"。投放量为1克干茶20毫升水，接近壶的三分满。

（六）温润泡

温润泡也称洗茶。首先用随手泡以"高冲"的方式注水，直至水满壶口，用壶盖由外向内轻轻刮去茶汤表面的浮沫。其次加盖淋壶，沸水由壶盖至壶身外壁均匀冲淋之后将茶汤倒入闻香杯及品茗杯中，使用"滚绣球"的方式让品茗杯都沾满茶香。温润泡既可以清洁茶叶，又可以使外形紧结的乌龙茶有一个舒展的过程，避免"一泡水，二泡茶"的现象。

（七）冲泡

用随手泡注水，将紫砂壶注满开水后，若产生浮沫，应用壶盖刮沫，并合盖保温。

（八）出汤分类

食指轻压壶盖，中指控壶把，将壶身缓倾90°至壶嘴垂直向下，茶汤匀速注入闻香杯中。之后将品茗杯放置在闻香杯之上，迅速倒转过来，缓缓提起闻香杯，使得茶汤流入品茗杯中。

（九）奉茶

有礼貌地将茶托奉到宾客面前。

（十）闻香品茗

轻旋闻香杯，徐徐提起，使茶汤顺势留在品茗杯内，将闻香杯靠近口鼻处闻香，以"三龙护鼎法"端起品茗杯品饮。

（十一）收具

将冲泡用的茶具收入茶盘。

第八讲 红 茶

一、红茶加工工艺

红茶初制：初制工艺包括萎凋、揉捻（揉切）、发酵、干燥四道工序。通过萎凋、揉捻工序，可增强酶的活性；经过发酵工序，以茶多酚酶性氧化为中心，完成一系列生化过程，形成红叶红汤的品质特征。多酚类化合物的氧化程度因种类而异，工夫红茶氧化程度重，茶多酚保留量为50%左右，红碎茶氧化程度轻，茶多酚保留量为55%~65%。

红茶是全发酵茶类。红茶的鲜叶原料与绿茶基本相同，只是不经高温杀青，而是采用萎凋、揉捻，然后经过发酵，使叶子变红后烘干而制成。

红茶加工工序：萎凋→揉捻（或揉切）→发酵→干燥。

红茶品质特征：红汤红叶。

红茶分类：小种红茶、工夫红茶、红碎茶等。

（一）小种红茶

小种红茶是福建省特有的一种条形红茶，是红茶历史上出现最早的一类茶。其制法特殊，在烘干时采用松柴明火烘干，因此成茶具有松烟香味。著名的小种红茶包括正山小种、外山小种和烟小种。正山小种产于福建崇安县桐木关、星村；外山小种产于武夷山以外的福建省坦洋、政和、屏南、古田等地；烟小种为工夫红茶的粗老茶，经烟熏加工而成。

正山小种红茶的品质特征：外形叶色乌黑，条索紧直粗壮；内质香气高，微带松烟香；汤色红浓，滋味浓而爽口，活泼甘醇，似桂圆汤味。

正山小种红茶的制法：萎凋→揉捻→发酵→过红锅→复揉→烟焙。

（二）工夫红茶

工夫红茶是细紧条形红茶，产自我国10余个省、自治区，是中国传统出口红茶类，远销东、西欧等60多个国家和地区。著名的工夫红茶有安徽的祁红、云南的滇红、广东的英红、福建的闽红、江西的宁红、湖北的宜红等。

工夫红茶原料细嫩，制作精细，外形条索细嫩紧直、匀齐，色泽乌润，香气馥郁，滋味醇和而甘浓，汤色叶底红艳而明亮，具有形、质兼优的品质特征。

工夫红茶的制法：鲜叶→萎凋→揉捻成条→发酵→烘干。

（三）红碎茶

红碎茶是在加工时经切碎而制成颗粒形的红茶。印度、斯里兰卡主产这种茶叶，中国于20世纪60年代以后才开始大量生产，是国际市场上的主产品。红碎茶冲泡时茶汁浸出快、浸出量大，适宜一次性冲泡、加糖加奶饮用，是国际上"袋泡茶"的主要原料。红碎茶的基本制法：鲜叶萎凋→揉切→发酵→烘干。

红碎茶按外形可分为叶茶（OP，FOP）、碎茶（FBOP，BOP）、片茶（BOPF，F）和末茶（D）四种。叶茶呈短条状显毫，碎茶呈颗粒状，片茶呈皱折状，末茶呈沙粒状。红碎茶的品质要求是：叶色乌润（红而不枯），汤色红亮，滋味浓、强、鲜。我国 出产的红碎茶因产区、茶树品种、初制工艺的区别，品质风格也有明显差异。中国的红碎茶有四套标准样，一、二套样为大叶种地区生产，三、四套样为中、小种地区生产。

大叶种产区的红碎茶，干茶成品壮实，紧结匀齐显毫，汤色红艳，香气鲜浓（鲜爽），叶底红亮，滋味浓强，富刺激性。中小叶种茶区的红碎茶，干茶成品香气清香，滋味尚浓爽，但浓强度较差。

二、红茶生产区域

茶树原生长于亚热带地区，具有喜温暖、好湿润的特性，因此世界上绝大多数茶区（产茶国）都处于亚热带或热带气候区域，分布于南纬33°以北和北纬49°以南的五大洲，尤以南纬16°至北纬20°的茶区最适宜茶树生长。20世纪，地球上已有58个国家引种了茶树，并在不同程度上发展了红茶生产。其中，亚洲20个国家，包括中国、印度、斯里兰卡、印度尼西亚、日本、土耳其、孟加拉国、伊朗、缅甸、越南、泰国、老挝、马来西亚、柬埔寨、尼泊尔、菲律宾、朝鲜、韩国、阿富汗和巴基斯坦；非洲21个国家，包括肯尼亚、马拉维、乌干达、坦桑尼亚、莫桑比克、卢旺达、马里、几内亚、毛里求斯、南非、埃及、刚果、喀麦隆、布隆迪、扎伊尔、罗得西亚、埃塞俄比亚、留尼汪岛、摩洛哥、阿尔及利亚和津巴布韦；美洲12个国家，包括阿根廷、巴西、秘鲁、哥伦比亚、厄瓜多尔、危地马拉、巴拉圭、牙买加、墨西哥、玻利维亚、圭亚那和美国；大洋洲3个国家，包括巴布亚新几内亚、斐济和澳大利亚；欧洲的产茶国为葡萄牙和俄罗斯。

我国是红茶的发源地，始于16世纪末，福建武夷山发明了小种红茶，在小种红茶的基础上又创制出工夫红茶。20世纪中叶，我国在印度发明红碎茶的基础上研制、加工出了红碎茶。小种红茶、工夫红茶和红碎茶的分布非常广阔，东起浙江省宁波市舟山群岛和台湾地区东岸，西至云南省腾冲市盈江茶区，南起海南省五指山区南麓的通什茶场，北至湖北神农架以南茶区，涉及云南、四川、重庆、湖北、湖南、福建、广东、广西、海南、江西、浙江、安徽、江苏、台湾14个省、自治区和直辖市。

工夫红茶根据产地可分为：云南的滇红、安徽的祁红、福建的闽红、湖北的宜红、江西的宁红和浮红、四川的川红、浙江的越红、湖南的湘红、广东和海南的粤红、英红及江苏的宜兴红茶等，其中最具代表性的工夫红茶为大叶种的滇红与英红和中小叶种的祁红与闽红。

我国红碎茶有四套样之分：第一套适用于云南省采用云南大叶种生产的红碎茶，计8个标准样；第二套适用于广东、广西、四川等地除云南大叶种以外的大叶种红碎茶，计7个标准样；第三套适用于贵州、四川、湖北、湖南部分地区中小叶红碎茶，计7个标准样；第四套适用于浙江、江苏、湖南、安徽等地的小叶种红碎茶，计6个标准样。

相对于绿茶，我国的红茶尚需适度扩大发展规模，并为红茶发展提供必要的外部环境。首先，应根据生态环境条件，确定云南、广西、广东、海南等适宜红茶生产的区域为红茶主产区，形成优质、特色红茶产区。其次，在江南茶区，还应选择历史上红茶有声誉、红茶产业有基础的地区发展红茶。国内红茶生产要扬长避短，突出中国红茶产品的特色与优势，尽可能区别于国外红茶产品的品质风格。例如研制不同形状、不同风味的名优特色红茶。最后，要充分利用独特的资源禀赋，加强地理标志产品的保护，如滇红、祁红及正山小红茶，等等。

滇红

焦糖香红茶

野生古树红茶

正山小种红茶

三、红茶冲泡

冲泡红茶可用盖碗。

（一）备具

盖碗、公道杯、品茗杯、随手泡、茶针、茶匙、茶荷、茶叶罐、水

红茶冲泡教学
（盖碗）

盂、茶巾。盖碗的盖子应反面朝上，近泡茶者处略低，盖子与碗内壁留出一小隙。

（二）赏茶

从茶叶罐中拨取适量红茶投入茶荷，双手捧取茶荷，以逆时针方向展示给来宾欣赏。赏毕复位。

（三）温盖碗

1. 注水

执随手泡以逆时针方向向反放的盖子上注入开水，待开水顺小隙流入碗内约1/3容量后断水，随手泡复位。

2. 翻盖

右手如握笔状取茶针插入缝隙内，左手手背向外护在盖碗外侧，随即将翻起的盖子正盖于碗上。

3. 温碗

开盖后，右手虎口分开，大拇指与中指搭在内外两侧杯沿，左手托住碗底，双手执碗呈逆时针运动，令盖碗内各部位充分接触热水后弃水。

4. 弃水

右手端盖碗平移于水盂上方，将盖碗内热水弃入水盂，复位。

（四）温公道杯、品茗杯

将开水注入公道杯约1/3容量，逆时针转动一周后，将热水依次注入品茗杯，再以同样的方式温品茗杯后，弃水。

（五）置茶

用茶匙将茶荷内红茶拨入盖碗，通常150毫升容量的盖碗投茶量2～3克。

（六）温润泡

冲泡红茶时水温宜控制在95℃左右。向盖碗内注入约1/4容量的开水，加盖。

（七）摇香

注水后左手托碗、右手扶碗，逆时针摇香，令茶叶充分吸水浸润，面向宾客开盖1/3，敬请来宾闻香。

（八）冲泡

闻香后，注入开水七分满，合盖。

（九）出汤

右手执盖碗将茶汤注入公道杯，盖碗内不留茶汁。

（十）分茶

将公道杯中的茶汤依次注入品茗杯，七分满即可。

（十一）奉茶

双手将茶托上的品茗杯依次敬奉来宾，行伸掌礼请来宾用茶，来宾宜点头微笑或答以叩手礼表示谢意。

（十二）品饮

以"三龙护鼎法"端起品茗杯，观汤色、闻茶香、饮红茶。

（十三）续泡

盖碗冲泡的红茶可多次续泡。

（十四）收具

将冲泡用的茶具收入茶盘。

第九讲 黑 茶

一、黑茶

黑茶初制：初制工艺分为杀青、初揉、渥堆、复揉、干燥等工序。制成的黑毛茶为紧压茶的原料。

黑茶是一种后发酵茶。初制成黑毛茶后，再加工成紧压茶时仍有发酵，故称后发酵茶。

黑茶是我国的主要茶类之一，因茶叶颜色呈黑色，故称黑茶。

我国的黑茶产制历史悠久：四川在11世纪时就用绿毛茶做色制成黑茶销往西北地区；湖南安化黑毛茶尽管起始年代不明，但在安化县第五区苞藏园一张姓茶园内，至今还矗立着清雍正八年（1730年）所制黑茶禁碑。据此推算，安化黑茶已有近300年历史。当今的黑茶产地有湖南的安化、新化、桃园、常德、汉寿、益阳、武陵、宁乡，湖北的咸宁、蒲圻、通山、通城，四川的都江堰、彭州、崇州、汶川、安县、绵阳、北川，云南的凤庆、勐库、景东、景春、昌宁、临沧和下关以及广西苍梧等地。

黑茶原料一般较粗老，分为散茶和紧压茶两类。散茶有天尖、贡尖、生尖和普洱散茶、六堡茶等；紧压茶是黑毛茶的再加工产品，有花卷、茯砖、黑砖、青砖、沱茶、七子饼茶等。黑毛茶一般具有色泽乌黑油润，滋味醇厚，香气持久，汤色黄褐或橙黄，条索粗卷欠紧结等品质特点。黑茶的制造工艺分为初制和压制两个部分，本节仅介绍初制工艺。黑茶虽产地各异、种类繁多，但有一个共同特点，即鲜叶原料较粗老，需渥堆变色工序，这是形成黑茶的关键工艺。有的在杀青以后渥堆，如四川南路边茶的做庄茶；有的在揉捻以后湿坯渥堆，如湖南黑毛茶、广西六堡茶；还有的在晒干以后再加水发酵渥堆，如普洱茶。现以湖南黑毛茶和云南普洱茶为例，将初制工艺和品质特点说明如下。

（一）湖南黑毛茶

湖南黑毛茶原产于安化，现在已扩大到益阳、桃江、宁乡、汉寿、临湘等地。

黑毛茶原料以青梗新梢为对象，一般长至1芽4～5叶或对夹叶时开始采摘。黑茶采摘标准较粗老，故常用半月形的采茶刀套在手指上割采。

湖南黑毛茶初制工艺：杀青→揉捻→渥堆→复揉→干燥。

湖南黑毛茶的品质特征：外形叶张肥大，条索卷折，色泽油黑；汤色橙黄，香味醇厚，有松烟香味；叶底黄褐色。

（二）云南普洱茶

普洱茶是以云南大叶种茶树鲜叶为原料经杀青、揉捻、晒干制成晒青毛茶（滇青）；然后将晒青毛茶洒水渥堆，经若干天堆积发酵后晾干、筛分制成。渥堆是普洱茶加工的关键工序。

普洱茶初制工艺：首先杀青→揉捻→晒干制成晒青毛茶（滇青）；然后洒水渥堆→晾干→筛分制成普洱茶。

普洱茶的品质特征：汤色浓，明亮（褐红色或棕红色），滋味甘滑醇厚，香气独特陈香，叶底呈猪肝色。

压制属紧压茶压制技术，本节不予展开论述。

二、黑茶生产区域

黑茶主产于湖南、湖北、广西、云南等地，主要有湖南黑茶、湖北老青茶、四川黑茶和滇桂黑茶等。

湖南黑茶主产于安化、益阳，桃江、宁乡、汉寿、沅江等地也有一定数量的生产，黑毛茶主产于湖南安化、桃江、沅江、汉寿、宁乡、益阳和临湘等地。

湖北黑茶主产于赤壁、咸宁、通山、崇阳、通城等地，典型代表"老青茶"产于赤壁、咸宁、通山、崇阳等地。

四川黑茶分南路边茶和西路边茶两类，南路边茶主产于雅安、天全、荥经等地，西路边茶主产于都江堰、崇州、大邑等地。此外，还有主产于四川宜宾等地的"四川普洱茶"。

滇桂黑茶是云南、广西黑茶的统称：云南有产自思茅、西双版纳、昆明、宜良的"云南普洱茶"；广西有产自苍梧六堡乡的"六堡茶"，荔浦的"修仁茶"，临桂宛田、茶洞一带的"宛田茶"。

安化黑茶茯砖

古树宫廷熟普（2005）

广西六堡茶

千两（2006）

三、黑茶冲泡

（一）备具

紫砂壶、公道杯、品茗杯、茶叶罐、茶匙、茶荷、茶巾、随手泡、水盂。

（二）温具

将沸水注入紫砂壶，温壶后，将紫砂壶中的水注入公道杯，温公道杯后，将热水依次注入各个品茗杯，温品茗杯后，弃水入水盂。

（三）赏茶

从茶叶罐中拨取适量黑茶投入茶荷内，双手捧取茶荷，以逆时针方向展示给来宾欣赏。赏毕复位。

（四）置茶

用茶匙从茶荷中拨入适量茶叶到紫砂壶内，一般用茶量为5～8克。

（五）洗茶

将沸水注入紫砂壶后，合盖，迅速将第一遍冲泡的茶汤弃入水盂。

（六）泡茶

再次将沸水注入紫砂壶中。冲泡时间分别为：第一泡10秒，第二泡15秒，第三泡20秒，此后每泡依次增加5秒。若是陈年熟普，至第十泡时，茶汤依然红浓甘滑。

（七）出汤

将壶内茶汤注入公道杯中，壶内不留茶汁。

（八）分茶

将公道杯内的茶汤依次注入各个品茗杯，以七分满为宜。

（九）奉茶

依次将品茗杯放在茶托上，双手奉给宾客饮用。

（十）品饮

持杯观色，近嗅其香，分三口缓啜，静品茶汤。

（十一）收具

将冲泡用的茶具收入茶盘。

第十讲　茶叶审评

第一节　茶叶感官审评

茶叶感官审评是指审评人员利用感觉器官来鉴别茶叶品质的过程。即按照国家标准《茶叶感官审评方法》（GB/T 23776—2018）的规定，审评人员运用正常的视觉、嗅觉、触觉、味觉的辨别能力，参照实物标准样或实践经验对茶叶产品的外形、汤色、香气、滋味及叶底等方面进行审评，从而达到鉴定茶叶品质的目的。

一、外形

外形是指人的触觉、视觉能判断的茶叶形态，包括形状、色泽、整碎、净度、级别、老嫩等内容。通过外形既能区别花色品种又可区分等级，是感官审评的一项重要检验项目。各种茶叶都有特定的外形，与制茶方法密切相关，同一种鲜叶因加工技术不同可制成形态各异的茶叶，例如通过揉捻工序的改变，即可形成针形、扁形、圆形等不同外形。品种和季节对茶叶外形也有影响，如大叶种茶较小叶种肥壮，春茶较夏秋茶油润等。审评外形的共同之处在于要求形态一致，以规格零乱、花杂为次。在依据实物标准样划分等级时，尤其强调嫩度、整碎和净度。审评各类茶也有不同的侧重点，例如绿茶类中的眉茶以嫩度、净度为主；而青茶类则以形态、色泽为主；各种名优茶还强调有特色的造型。同一种形状或色泽出现在不同的茶叶中时，因要求的不同可能褒贬不一，例如茸毫丰富是碧螺春茶必须具备的外形要求，而对要求光洁的西湖龙井茶而言则是弊病。又如绿茶绿润的色泽若出现在红茶外形的审评中时，则表明红茶品质低下。在感官审评各项目中，外形的评分系数为10%～25%，是衡量茶叶质量的重要标准之一。茶叶外形主要有条形、眉形、浓眉形、钩曲形、卷曲形、拳曲形（蜻蜓头）、螺形、颗粒形、细沙形、粉末（状）形、朵形、兰花形、凤形（凤尾形、剪刀形）、玉兰花形、剑形、扁平形、雀舌形、碗钉形、梭形、瓜片形、松针形、针芽形、月牙形（弯月形）、饼形、砖形、碗臼形（臼形）、方形、柱形、球形、珠形、菊花形、牡丹形、枕形、枣核形、贝壳形。

二、色泽

茶叶色泽（干茶色泽）主要有金毫、银毫、绿、嫩绿、鲜绿、翠绿、墨绿、黄绿、银绿、灰绿、青绿、嫩黄、黄、乌黑、红棕、青褐、黄褐、起霜、猪肝色、五彩色、砂绿、糙米色、银白、银绿、褐红、黑润、黑褐。

三、汤色

汤色是指人视觉判断的茶汤色泽，包括颜色和光泽度。六大茶类汤色各不相同，如绿茶汤色以嫩绿、绿为主，红茶汤色以红为主。不同等级的茶叶汤色也不同，如不同等级的龙井茶汤色可以是嫩绿、杏绿、绿、黄绿等，光泽度也有清澈明亮、明亮、暗等区别。审评汤色，尽管颜色不同，但是光泽度均以清澈明亮为佳。同一种汤色出现在不同的茶叶审评中时，因要求的不同可能褒贬不一，如嫩黄的汤色出现在绿茶中，可能是微陈的茶叶汤色，但是在黄茶中则是较好的汤色。在感官审评各项目中，汤色的评分系数为5%～20%。

汤色（茶水色泽）主要有浅白、嫩白、浅绿、杏绿、黄绿、嫩黄、黄、蜜绿、蜜黄、金黄、橙黄、橙红、金红、红艳、浅红、红浓（红深）、灰白。

四、香气

香气是指人的嗅觉能感受辨别的茶叶香气，包括香气的香型、浓度、纯异等内容。香气是茶叶感官审评的主要检验项目。茶叶的香气主要来自茶叶内芳香物质的挥发，目前能鉴别出的茶叶芳香物质已经超过700种。茶叶的香气，直接受茶树品种、生长条件、季节、采摘、制作等因素的影响。例如，云南大叶种的花香就是品种香，绿茶的嫩香主要受原料的影响，乌龙茶的香气主要是摇青工艺产生的。不同的茶类具有不同的香气，要根据具体情况加以嗅辨。除了茶叶本身具有的香气，再加工茶类中的花茶也通过茶花拌和吸附鲜花中的香气制成不同类型的花茶。由于茶叶具有极强的吸附香气能力，除了加工花茶时可以吸附花香，茶叶在加工和储存过程中也可能吸附环境中的异味，如加工过程中的烟味、包装袋的异味等，都会对茶叶的香气品质造成影响。在各审评项目中，香气的评分系数为25%～30%。茶叶的香气种类主要有板栗香、嫩香、清香、清鲜、毫香、玫瑰香、甜香、花香、果香、乳香、火工香（足火、高火、老火）、松烟香、炭香、橘香、蜜桃香、干果香、兰花香、蜜兰香、音韵、岩韵、青豆香、陈香、枣香、糯米香、参香、品种香、地域香、山韵。

五、滋味

茶叶滋味亦称"茶味""汤味"，是指人的味觉能感受辨别出的茶汤味道，包括汤质的滋味类型、浓淡、纯异等内容。茶叶的饮用价值主要体现在茶汤中有效物质的含量和呈味物质的组合是否符合人们的要求，即滋味的好坏。可见，滋味是茶叶感官审评的重要检验项目。构成茶汤滋味的物质有多种，主要包括茶多酚、咖啡因、氨基酸、糖类等。不同的物质各有不同的滋味特征，通过相互配合，构成了滋味的综合感觉，尤其以茶多酚的含量表现最明显：茶多酚含量高，滋味浓；反之则滋味淡。茶叶的各种呈味物质组成成分，直接受茶树品种、生长条件、季节、采摘、制作等因素的影响。例如，以茶树品种而言，大叶种茶滋味较浓，小叶种茶滋味较淡；以制茶季节而言，春茶滋味较醇和，夏秋茶相对较浓涩；以采摘论，正常嫩度的茶叶滋味醇爽，粗老茶则呈粗青味；因加工技术的不同，茶叶内含成分变化不一，亦会形成茶叶滋味的不同风格。审评不同的茶类，对滋味的要求也有所不同，例如名优绿茶要求鲜爽，而红碎茶则强调滋味浓度，但各类茶的口感都必须正常、无异味。茶叶滋味中的异味多因制作与贮运不当所致，例如机制绿茶杀青温度过高，会产生烟焦味，贮运过程中被杂异物质污染，可能吸附令人不愉快的"怪味"，有严重异味的茶叶属劣变茶。在各审评项目中，滋味的评分系数为30%～35%。

茶叶滋味的审评术语主要有收敛性、鲜醇、嫩鲜、清爽、醇和、甘和、醇厚、蜜味、甘滑、浓爽、浓醇、涩味。

六　叶底

叶底是指茶叶冲泡后的叶态和色泽。色泽又包括颜色和光泽度。在感官审评各项目中，叶底的评分系数为10%。

叶底审评术语主要有芽叶成朵、全芽（单芽）、单片、细嫩、嫩厚、肥厚、厚实、绿叶红边。

第二节　茶叶的审评

茶叶的成分很复杂，经研究，茶叶中已经发现的化学成分有600多种。在鲜茶叶中，主要包括蛋白质、茶多酚、生物碱、维生素、氨基酸、矿物质和微量元素、芳香类物质、碳水化合物等多种成分。茶叶的鉴别方法主要有感官品评，即根据茶叶的形、质特性对感官的作用来分辨茶叶品质的优劣。具体的品评方法可以概括为三看、三闻、三品和三回味。品评时，先进行干茶品评，即首先通过观察干茶外形的条索、色泽、整碎、净度来判断茶叶品质的优劣，然后进行开汤品评，即对干茶进行开汤冲泡，看汤色、嗅香气、品滋味、察叶底，进一步判断茶叶品质的优劣。

一、茶叶审评器具

（一）审评室

审评室是专供茶叶感官审评的工作室，一般应置于二层楼以上，地面干燥，房屋南北朝向，室内墙壁和天花板为白色，墨石子地面或铺地板、瓷砖；由北面自然采光，无太阳直射，室内光线应明快柔和，还可安装日光灯弥补光线的不足与不匀。室内左右及东西向墙面不开窗，背南面北开窗。室内左右（即东西向）墙面不开窗，背（南）面开门与气窗；正北采光墙面的开窗面积应不少于35%。室内应保持空气流畅，各种设备应无明显的杂异气味。四周环境安静，无杂异气味和噪音源。北面视野宽广，有利于减少视力疲倦。

（二）审评用具

审评室内应配备评茶用具，包括审评杯、碗和汤碗、汤匙、电茶壶（烧水壶）、茶样盘、审评台、样茶橱、定时钟、天平戥秤、叶底盘或搪瓷盘、评审记录表等。评审室面积与评茶用具多少，应根据工作量而定。

1. 审评盘

审评盘也称"样盘""茶样盘"，是用于盛装审评茶样外形的木盘。审评盘有正方形和长方形，用无气味的木板制成，上涂白漆并编号，盘的一角为倾斜形缺口。正方形的审评盘规格为长×宽×高=220毫米×220毫米×30毫米，也可采用200毫米×200毫米×40毫米的规格。审批盘的框架采用杉木板，宽度为8毫米。

2. 审评杯

审评杯用于开汤冲泡茶叶及审评香气。审评杯为特制的白色圆柱形瓷杯，杯盖有小孔，在杯柄对面杯口上有齿形或弧形缺口，容量为150毫升。评审毛茶有时也用200毫升的评审杯，其结构除容量外与150毫升杯相似。审评青茶（乌龙茶）的杯子为钟形带盖的瓷盏，容量为110毫升。

3. 审评碗

审评碗用于开汤审评汤色和滋味。碗体呈白色广口形，碗口稍大于碗底，容量一般为200毫升。审评杯碗一般是配套使用，用于审评精茶和毛茶的杯碗，若规格不一，则不能交叉匹配使用。审评青茶（乌龙茶）的碗比常规的审评碗略小。审评碗也应编号。

4. 叶底盘

叶底盘用于审评叶底，一般为漆成黑色的木质方形小盘，规格为长×宽×高=100毫米×100毫米×20毫米。也有用长方形白色搪瓷盘用于开大汤评定叶底，比用小木盘审评叶底结果更为准确。

5. 样茶秤

样茶秤用于衡量称取审评用茶的量，常用感量为0.1克的托盘天平，也可用戥秤或手提式天平。

6. 定时器

定时器即用于评茶计时的工具，常规使用可设置5分钟自动响铃的定时钟（器）或用5分钟的沙漏。

7. 汤碗

汤碗为白色小瓷碗，碗内放茶匙、茶网匙，用时冲入开水，有消毒清洗的作用。

8. 茶匙

茶匙也称汤匙，用于舀取茶汤供品评滋味用的白色汤匙。因金属匙导热过快，有碍于品味，故不宜使用。

9. 网匙

网匙用于捞取审评碗中茶汤内的碎片末茶，用细密的不锈钢网或尼龙丝网制作，不宜用铜丝网，以免产生铜腥味。

10. 水壶

水壶是用于制备沸水的电茶壶，容量为2.5～5升，以铝制水壶为佳。忌用黄铜或铁壶煮沸水，以免产生异味或影响茶汤色泽。

11. 吐茶桶

吐茶桶是盛装茶渣、评茶时吐的茶汤及倾倒废汁液的器具。

12. 审评表

审评表是记录审评结果的表格，表内分外形、汤色、香气、滋味和叶底5个栏目。也有分条索、整碎、净度、色泽、汤色、香气、滋味和叶底8个栏目，每个栏目又分较高、相当、稍低、较低、不合格等项或设评分栏。表内常设总评栏综合评定茶叶品质。此外，还有茶名、编号或数量、审评人和审评日期、备注等内容。如：

茶叶审评表

茶类： 茶号	外形（25%）		汤色（10%）		香气（20%）		滋味（20%）		叶底（25%）		总分
	评语	得分	评语	得分	评语	得分	评语	得分	评语	得分	

审评人：　　　　考评员：　　　　　　年　　月　　日

13. 干评台

干评台即检验干茶外形的平台。在审评时也用于放置茶样罐、茶样盘、天平等器具。平台高度为850～900毫米，宽度为600毫米，长度视需要而定，台下可设抽斗。台面光洁，通常漆为黑色，无杂异气味。

14. 湿评台

湿评台即开汤检验茶叶内质的平台。用于放置审评杯碗、汤碗、汤匙、定时器等器具，供审评茶叶汤色、香气、滋味和叶底用。平台高度为850～900毫米。台面通常漆为黑色或白色，要求不渗水，沸水溢于台面不留斑纹，无杂异气味。

15. 碗橱

碗橱用于盛放审评杯碗、汤碗、汤匙、网匙等器具，其尺寸可根据存放用具的数量而定。一般采用长×宽×高=400毫米×600毫米×700毫米。在橱的高度上等分5格，设置5个抽屉，要求上下左右通风，无杂异气味。

16. 茶样贮存桶

茶样贮存桶用于放置有保存价值的茶叶。要求密封性好，桶内放生石灰做干燥剂。

二、茶叶审评流程

（一）审评取样

审评取样又称抽样或扦样，是指从一批或数批茶叶中取出具有代表性样品供审评使用。茶叶品质只能通过抽样方式进行检验，因此样品的代表性尤其重要，必须高度重视检验的第一步工作——取样。毛茶扦样应从被抽样茶叶的上、中、下及四周随机扦取。精茶是在匀堆后装箱前，用取样铲在茶堆的各个部位多点采取样茶，一般不少于8个取样点。被取出的样茶在拌匀后用四分法逐步减少茶叶数量，最后用样罐装足审评茶叶的数量。

（二）审评用水

评茶用水的优劣，对茶叶汤色、香气和滋味影响极大，尤其体现在水的酸碱度和金属离子成分上。水质呈微酸性，汤色透明度好；趋于中性和微碱性，会促进茶多酚加速氧化，色泽趋暗，滋味变钝。一般井水偏碱性的多，江湖水大多数混浊且带异味，自来水常有漂白粉的气味，经蒸汽锅炉煮沸的水常显熟汤位，影响滋味与香气评审。新安装的自来水管含铁离子较多，泡茶易产生深暗的汤色，应将管内滞留水放空后再取水。此外，某些金属离子还会使水带有特殊的金属味，影响审评。因此，评茶以深井水、自然界中的矿泉水及山区流动的溪水为佳。为了弥补当地水质的不足，可将饮用水通过净水器过滤，以去除杂质，提高水质的透明度与可口性。煮沸的水应立即用于冲泡，如久煮或将热水瓶中的水回炉重煮，易产生熟汤味，有损香气和滋味的审评结果。（三）通用型茶叶审评方法

取有代表性的茶样150～200克，放入样盘中，评其外形，随后从样盘中撮取略多于3g的茶叶，在粗天平上（天平感量0.1克）较为正确地称取3克茶倒入审评杯内，再从开水壶中冲入沸水至杯满为止（约150毫升），被评茶叶在审评杯内浸泡5分钟，随后将茶汤沥入审评碗内，评其汤色并闻杯内香气。待香气评定后，再用茶匙取近1/2匙茶汤入口品评滋味，一般尝味1～2次，最后将杯内茶渣倒入叶底盘中，审评叶底品质。整个评茶操作流程为：取样—评外形—称样—冲泡—滤茶汤—评汤色—闻香气—尝滋味—看叶底。对每一审

评项目均应写出评语，有时还应加以评分。

1. 外形审评

茶叶外形包括：形态、色泽、整碎、肥瘦、大小、净度、精细、长短、嫩度（级别）以及茶叶的产区品种、茶别（生产日期）等内容；对包装茶和某些再加工茶而言，还包括用材、文字、色彩、代码、重量等。上述各方面综合起来表现了茶叶的外形品质，不能硬性加以分开，其中任意项的不足，即为"病态"。但对不同的茶叶，要求可以不同，即使是同一审评结果，对于某种茶是优点，但对另一种茶可能就是缺点。例如，茸毫多对碧螺春、大毫茶而言是一大优点，但对龙井茶来说，却是显著缺点。各种茶叶对外形的要求各有侧重在名优绿茶中，干茶色泽是至关重要的品质因子，但对红碎茶来说，色泽只要不是枯灰、花杂，对于颜色是"乌"或"棕"概不讲究。审评茶叶外形有两种方法。一种是筛选法，即把150～200克茶叶放在茶样盘中，然后筛旋几圈茶样盘，使茶叶分层，让粗大的茶叶浮在上面，中等的在中间，碎末在下面，再用右手抓起一大把茶，看其条、整、碎程度。筛选法看茶误差较大，它受筛选技巧、时间、速度、用茶量、抓茶数量等因子的影响。例如，较薄一层面张茶与较厚一层面张茶，均匀分布在样盘中或抓在手中，欲分辨面张茶的多少较为困难。另一种是直观法，把茶样倒入样盘后，再将此茶样缓缓倒入另一空样盘内，这样来回倾倒2～3次，可使上下层茶叶充分拌和，即可审评外形。直观法评茶优点：茶样充分拌和，能代表茶样的原始状态，不像筛选法那样易受各种因素的干扰，因此能较正确而迅速地评定外形。

2. 汤色审评

茶汤的色泽变化很快，特别是冬天评茶，随着茶汤温度下降，汤色会明显变深。若在相同的温度和时间内比较，红茶变色快于绿茶，大叶种快于小叶种，嫩茶快于老茶，新茶快于陈茶。根据茶汤容易变色的原则，在10分钟以内观察到的汤色就能代表茶的原有汤色。如果再延长时间，很容易把较浅的红茶汤误评为红亮，或把较红亮的汤色误评为欠亮……另外，审评汤色时还要考虑不同季节的气温、光线等因子。

3. 香气审评

香气是感官审评项目之一，是指人的嗅觉能辨别茶叶挥发出的各种气味，包括各种香型、异气、高低、持久性等内容。香气审评是鼻腔上部的嗅觉感受器接受到茶香的刺激产生的感觉。尽管人们的嗅觉很灵敏，但嗅觉的敏感时间也是有限的。审评茶叶香气，在夏天过3～5分钟即应开始嗅香，在冬天则应更快，最适合人嗅茶香的叶底温度是45～55℃，超过60℃就会感到烫鼻，低于30℃会觉得低沉，甚至对微有烟气一类的异气茶就难以鉴别。闻香时整个嗅香过程最好是2～3秒，不宜超过5秒或小于1秒，整个鼻部应深入杯内，使鼻子接近叶底，这样可以扩大香气的接触面积，增加嗅觉的能力。呼吸换气不能把肺内气体冲入杯内，以防异气冲淡杯内茶香的浓度而影响审评效果。

4. 滋味审评

滋味是感官审评项目之一，是指人的味觉能感受辨别的茶汤味道，包括物质的各种味道与纯异、浓淡等内容。舌的不同部位对滋味的感觉并不相同，舌中对滋味的鲜爽度判断最敏感，舌尖、舌根次之，舌根对苦味最敏感。在评茶时应根据舌的生理特性，充分发挥其长处。审评滋味时，茶汤温度、吃的数量、嘴吸茶汤的速度、用力大小以及舌的姿态等，都会影响滋味的审评结果。

（1）茶汤温度

最符合评茶要求的茶汤温度是45～55℃，如果高于70℃就会感觉烫嘴，低于40℃就显得迟钝，感觉涩味加重，浓度提高。

（2）茶汤数量

每次用瓷茶匙舀取茶汤的量最好是4～5毫升，多于8毫升会感觉满嘴是汤，难以在口中回旋辨别，少于3毫升会感觉嘴空，不便于辨味。

（3）尝味时间

把4～5毫升（约1/3匙）茶汤送入口内，在舌的中部回旋2次即可，较合适的时间是3～4秒，一般需尝味2～3次。当数种茶的滋味差距不大，又要评出次序时，应反复尝味验证，才能加深印象，有利于做出较正确的判断。对滋味很浓的茶，尝味2～3次后，需用温开水漱口，把舌苔上高浓度的腻滞物洗去后再复评。否则会麻痹味觉，达不到评味的目的。

（4）吸茶汤的速度

从汤匙里吸茶汤要自然，速度不能太快，若用力吸即加大茶汤流速，部分汤液从牙齿间隙进入口腔，会使齿间的食物残渣也一同吸入口腔，与茶汤混合，增加异味感，不利于正确评茶。

（5）舌的姿态

茶汤送入口中后，舌尖应顶住上层门齿，嘴唇微微张开，舌稍向上抬，使汤摊在舌的中部，再用口慢慢吸入空气，茶汤在舌上微微滚动，连吸2次气后，辨出滋味，即闭上嘴，从鼻孔排出肺内废气，吐出茶汤。若初感有苦味的茶汤，应抬高舌位，把茶汤压入舌的基部，进一步评定苦的程度。

此外，对疑有烟味的茶汤，在将茶汤送入口中后，嘴巴应闭合，用鼻孔吸气，把口腔鼓大，使空气与茶汤充分接触后，再通过鼻孔把气排出，这样来回2～3次，对烟味茶的评定效果较好。

5. 叶底审评

叶底是感官审评项目之一，是指茶叶经冲泡后留下的茶渣，包括茶叶的嫩度、色泽、整碎、大小、净度等内容。我国传统的功夫红、绿毛精茶及地方名茶在审评中都要评定叶底的嫩度、整碎、色泽等因素，其中嫩度是评定的主要因子。在评定叶底嫩度时，常会产生两种错觉：一是易把芽叶肥壮、节间长的某些品种误评为茶老；二是陈茶色泽暗，叶底不开展，与同等嫩度的新茶比较时，也常把陈茶评为茶老。

现以青茶为例具体讲解审评方法。目前，青茶审评方法有两种，即传统法和通用法。在福建多采用传统法，而台湾、广东和其他地区几乎都采用通用法。

（1）传统法

使用110毫升钟形杯和审评碗冲泡，用茶量5克，茶水比为1：22。审评顺序：外形—香气—汤色—滋味—叶底。先将审评杯碗用沸水烫热，再将称取的5克茶叶投入钟形杯内，以沸水冲泡。一般要冲泡3次，其中头泡2分钟，第二泡3分钟，第三泡5分钟。每次都在未沥出茶汤时，手持审评杯盖，闻其香气。在同一香味类型中，常以第三次冲泡中香气高、滋味浓的为佳。

（2）通用法

使用150毫升的审评杯和容量略大于杯的审评碗冲泡，用茶量3克，茶水比为1：50。将称取的3克茶叶投入审评杯内，再冲入沸水至杯满（接近150毫升），浸泡5分钟后，沥出茶汤，先评汤色，继闻香气，再尝滋味，最后看叶底。

上述两种审评方法，只要技术熟练，了解青茶品质特点，都能正确地评出茶叶品质的优劣。其中通用法操作简便，审评条件一致，有利于正确、快速地得出审评结果。

第十一讲　茶健康

第一节　茶的保健功效

唐代大医学家陈藏器在《本草拾遗》中写道："诸药为各病之药，茶为万病之药。"茶真的有这么神奇吗？世人对茶的评价是什么？茶的哪些健康功效已经得到科学证实？

本章引用浙江大学茶学系博士生导师王岳飞教授的最新研究成果，首先从茶叶抗辐射作用的典型事例谈起，进行"茶为万病之药"的历史回顾，导引出历代92种典籍归纳的24项茶传统功效，以及中国《大众医学》、美国《时代周刊》、德国《焦点》等杂志的中外营养学家将茶评为十大健康长寿食品之一。其次从茶叶所含的功能性成分和"自由基病因学"理论基础角度解读茶为什么被称为"万病之药"。最后结合国内外最新研究报道和具体实例，就茶在"抗氧化和延缓衰老""增强免疫""降血脂""对脑损伤的保护""美容祛斑""减肥""防治高血压""解酒"和"抗肿瘤"等方面对人体健康的具体功效进行阐述。

一、从特征性成分对茶叶进行分类

茶叶根据颜色分为六大类：绿茶、红茶、乌龙茶（青茶）、白茶、黄茶和黑茶。茶叶干物质中，茶多酚含量是18%~36%，六大茶就是根据茶多酚的氧化程度和氧化方式分类的。

陈椽老师提出了"以茶多酚氧化程度为序，以酶学为基础"的六大茶类分类法，其实茶叶里还有一种成分叫作多酚氧化酶。在新鲜茶叶里，多酚氧化酶和茶多酚含量都很高，但它们分布在不同的细胞器中，不会发生反应。好比它们住在不同的房间，中间有墙壁隔开，碰不到一起。当多酚氧化酶碰到茶多酚时才会发生酶促反应，产生颜色变化。为什么冬天的茶叶会冻红呢？相当于低温将细胞膜的墙壁打通了，使分布在不同细胞器中的多酚氧化酶与茶多酚相遇，发生酶促反应，因此茶叶变红了。

做绿茶要经过高温杀青，杀青的目的是将多酚氧化酶灭活，多酚氧化酶失去活性后，茶多酚就不会发生颜色变化，所以绿茶呈现的主要是叶绿素的颜色。但是，做红茶就要充分利用多酚氧化酶的活性，让茶多酚跟多酚氧化酶进行更多反应，发生颜色变化，先变成黄色的茶黄素，接着变成红色的茶红素，最后变成黑褐色的茶褐素。所以，六大茶分类就是基于这个原理。绿茶是不发酵茶，即茶多酚没有被氧化；红茶需要充分发酵，乌龙茶有摇青工艺，可以理解为介于绿茶与红茶之间的一种茶类，称为半发酵茶；黄茶跟黑茶是先进行杀青做成绿茶，然后进行不需要酶的催化发酵，所以称为后发酵茶；白茶是采摘后摊放一段时间，让茶叶自然干燥，茶多酚被氧化得很少，称为微发酵茶。因此，六大茶分类就是根据茶多酚有没有氧化、什么时候氧化进行区分的。

二、六大茶类的保健功效

六大茶类分别为红茶、乌龙茶（青茶）、黑茶、黄茶、白茶、绿茶，它们的加工工艺各不相同。那么，它们的功能如何？目前，全球死亡率最高的疾病之一是心血管疾病，据统计，每小时全球都有300多人因心血管疾病死亡。2009年有报道称，未来10年，在中国，糖尿病人、中风病人以及心血管病人，需要花费5580亿美元来防治疾病，这是一个多么庞大的数字。茶叶能否为此做出贡献呢？

经研究发现，所有的茶类均能有效预防心血管疾病、降脂、抗癌以及防治糖尿病。提倡科学饮茶可以做到防患于未然。

除了上述基础功能，每类茶是否有各自独特的功效呢？答案是肯定的。现将六大茶的保健功能阐述如下：

（一）红茶和绿茶的保健功效

红茶和绿茶位居世界茶叶产销总量的第一、第二位，二者均可预防帕金森综合征，促进骨骼健康，防治肠胃和口腔疾病。例如红茶和绿茶中含有氟，可以预防龋齿。

（二）乌龙茶的保健功效

目前在中国，饮用乌龙茶的人越来越多，此茶对单纯性肥胖的疗效非常好，有效率可达64%。另外，其美容效果特别突出，从21~55岁的女性朋友，每人每天饮用4克乌龙茶，连续饮用8周，面部皮脂的中性脂肪量可减少17%，保水率可从94%提高到129%。此外，乌龙茶还能有效抗突变、抗肿瘤。

（三）白茶的保健功效

白茶主要产于福建省，其加工工艺最简单，保留的化学成分最接近鲜茶叶本身的成分。白茶可以抗菌，如抑制葡萄球菌和链球菌感染，对肺炎和龋齿的细菌也有抗菌效果，还具有解毒、退热、降火等功效。特别是夏天，很适合饮用白茶。如果感觉到咽喉肿痛、牙齿上火，试着煮一壶白茶，连续喝两天，症状便会明显改善。2009年，德国拜尔斯道夫股份公司研究发现，白茶中自然生成的化学物质能分解脂肪细胞，并阻止新的脂肪细胞形成，可有效防治肥胖症。

（四）黑茶外形虽不美，但是它有非常好的保健功效

如前所述，黑茶是后发酵茶，茶中有机酸的含量明显高于非发酵绿茶，高含量的有机酸，可以和茶多酚类或者茶多酚氧化产物产生很好的协同效果，有助于改善人体肠胃道功能。美国很多地区的饮食结构，与我国少数民族地区的饮食结构相似，都以高脂高热的食

物为主，喝黑茶会有明显功效。而我国很多少数民族都有每天喝黑茶的习惯。

（五）黄茶的保健功效

黄茶的加工工艺也不复杂，仅在绿茶工艺基础上，增加了焖黄的工艺。但正是这个湿热氧化过程使绿茶的部分化学成分得到改变。它可以防治食道癌，而且抑菌效果也优于其他茶类。同时，它还可以提神、助消化、化痰止咳等。

三、茶叶防辐射

日本福岛地震引发海啸以后，大家对核辐射感到非常恐慌。中国各地纷纷发扬奉献精神，贵州、福建、浙江等地都向日本捐赠了茶叶，捐赠给中国驻日本大使馆和一些在日华侨。浙江大学也捐赠了一批物资给中国驻日本大使馆，这批物资就是茶多酚，还有一箱茶爽。由于茶多酚已被证实具有抗辐射功效，所以中国驻日本大使馆大使程永华先生专门写了一封感谢信。后来，上海《新民晚报》还刊登了这一报道《中国茶多酚"飞"赴日本抗辐射》。中国农科院茶叶研究所、湖南农业大学、浙江大学研究发现，茶叶的抗辐射效果非常好。其效果好到什么程度呢？取6克茶叶泡成茶水，每天喝两杯茶，其抗辐射效果相当于吃1千克碘盐。假若一天吃1千克盐，人会怎么样？但是喝6克茶泡的茶水很容易做到，所以没必要抢购食盐，喝茶的抗辐射效果非常好。茶叶抗辐射的事例非常多。第二次世界大战末期，日本广岛地区遭到美国原子弹的猛烈轰炸，研究者针对存活下来的居民做过一些流行病学调查，结果发现生活质量比较高的居民和生存期比较长的居民都有喝茶的习惯。所以，日本人把茶称为原子时代的饮料。众所周知，癌症病人一般会采取放疗或者化疗、放化疗等方式治疗癌症。有些癌症病人治疗一个疗程或者两个疗程后，就要戴帽子，因为他的头发掉得很厉害，身体也非常虚弱。这表明放、化疗在杀死癌症病人癌细胞的同时，可能把人体内的正常细胞也杀死了。有些癌症病人不治疗还能活一两年，一治疗反而只能活半年。这个现象说明放化疗对人体的副作用非常大。如果在放化疗期间，癌症病人同时服用一些茶叶提取物，包括茶多酚、儿茶素胶囊甚至喝一些浓茶，是可以在一定程度上减少放、化疗副作用的。茶叶提取物可以提升白细胞的有效率在90%以上，癌症病人掉头发的症状可以得到明显改善。这一疗法在浙江大学医学院附属第一、第二医院等医院用得非常普遍，所以茶叶可以减轻放射治疗的副作用，同时也提高了疗效。

茶叶为什么能够抗辐射呢？茶叶专家与医学专家一致认为：第一，茶叶中含有茶多酚。第二，茶叶中含有大量的锰元素，其含量是其他植物的几倍、几十倍甚至上百倍。一般食物中锰元素的含量，例如蔬菜，每100克蔬菜中最多含有10多毫克锰元素。食物中锰含量最高的是海鲜类的河蚌，其锰含量有50多毫克，但是远远不敌茶叶中锰含量，茶叶中锰元素含量非常高，所以能够起到抗辐射作用。此外，它还含有咖啡因、茶碱、可可碱、茶氨酸，这些都有一定的抗辐射作用。第三，茶叶中含有多糖、黄酮类、胡萝卜素类，这些成分在其他植物里也有，它们普遍具有抗辐射作用。茶叶中的茶多酚及其他成分，是如何发挥抗辐射作用的？我们可以这样理解：茶叶中的有效成分相当于一道防护墙，起到防辐射作用，包括核辐射、医疗放射、紫外辐射以及手机、香烟、家居和电脑辐射等。辐射会对人体细胞的蛋白质DNA神经系统、生物膜等产生损伤，放化疗病人会恶心呕吐就是由于辐射引起的。茶叶中的有效成分发挥防护墙作用，将射线挡在细胞外，所以能够起到抗辐射作用，也就是人们常说的喝茶还能防辐射。

四、茶对抗自由基

什么是自由基？根据化学知识，我们了解到一般的化学反应就是共价键的断裂。它是异裂的，使电子游离到某种质子上，而另一种质子就缺失了电子进而形成离子。例如食盐氯化钠，钠离子与氯离子在水里共存，所以它是很稳定的。（看不懂）自由基是共价键断裂时电子均分，大家一人一半，均裂是每个质子带一个电子，就成了一个不成对的电子。不成对的电子很不稳定，它很活跃。为什么叫自由基？它非常活跃，它要自己稳定下来，必须找一个去配对，所以自由基会去攻击人体细胞，让它自己更加稳定。自由基对人体有很大危害。尤其是过量的自由基，它会引起人体很多问题，包括肿瘤、心血管疾病、炎症、色斑，还有皱纹、白内障甚至衰老。人体细胞功能衰退或者组织坏死，是因人体细胞的核酸包括遗传物质DNA、RNA、蛋白质、脂质等受到自由基的攻击发生了异常。膜的流动性、膜的氧化还原性都发生了变化。这些成分的异常，就是由过多的自由基引起的。过多的自由基会造成人体遗传物质DNA、其他脂质和蛋白质的损伤，进而造成很多生理异常，这在医学上称为自由基病因学。据统计，上万种慢性疾病、老年病包括人的衰老，都是自由基引起的，这是致病之源。如果能够发明一种药物清除自由基，就可以预防上万种疾病。目前，较好的自由基清除剂有以下几种：

1. 维生素类

在服食维生素期间，人很少生病。经研究统计，维生素E 、维生素C 是世界上较早发现的、为人们所公认的、具有清除自由基作用的物质。

2. 茶叶

茶叶富含茶多酚和儿茶素，二者都是能够清除自由基的基团。并且茶多酚中的羟基比维生素类更多，这意味着茶多酚也具有清除自由基的能力，但是这个能力是否比维生素类更强大呢？经大量实验证明，茶多酚、儿茶素不但具有清除自由基的能力，而且还比维生素类强很多倍，加之茶叶本身也含有维生素C。众所周知，辣椒的维生素含量非常高，而茶叶的维生素含量比辣椒还要高好几倍。正因为茶叶既含有维生素，又含有清除自由基能力更强的茶多酚类物质，所以它能够预防疾病，称其为"万病之药"是当之无愧的。

目前，研究人员已经证实了茶通过抑制氧化酶与诱导氧化的过渡金属离子络合或者直接清除自由基等途径来清除自由基的机理。基于自由基理论，茶多酚是茶叶中最主要、最精华、对人体最有用的成分。研究人员还将绿茶、红茶与大蒜、洋葱、玉米、甘蓝、菠菜相比较，发现红茶、绿茶的抗氧化活性极高，而大蒜、洋葱、玉米、甘蓝的抗氧化能力相对较弱。

国外有研究表明，人们的日常保健，应每天吃5个洋葱、4个苹果，喝一瓶半红葡萄酒、12瓶白葡萄酒、12瓶啤酒或者1千克橙汁等不同抗氧化活性的食物，只有这样，才能够起到日常抗氧化作用，防止自由基侵入。当然，人们也可以选择每天喝两杯茶（300毫升），其抗氧化效果与上述食品大致相当。所以，从理论上讲，每天喝两杯茶，就可以起到日常保健作用。

五、茶食品与保健品

（一）茶类保健品

人们对茶叶的降脂减肥和提高免疫力功能非常重视，当然，茶叶的抗氧化、通便、降糖、对人体辐射危害有辅助保护功能，同样非常重要。特别是2011年日本福岛核泄漏事件后，茶叶的抗辐射功能更加引起了人们的广泛关注。此外，对于茶叶的清咽、祛黄褐斑等功能，共有21类相关产品得到了注册。

茶类健康产品很多，一是茶多酚减肥胶囊，其中茶多酚含量约10%。其主要成分包括茶多酚、决明子、何首乌、熟大黄、荷叶和淀粉。它对单纯性肥胖人群效果较好。二是茶黄素类保健品。茶黄素类是从红茶中提取的一种有效成分，是茶多酚的氧化产物。大量研究和临床实践表明，茶黄素具有比茶多酚更强的抗氧化性能和保健功能，对预防心脑血管疾病有突出功效，抗心脑血管疾病的高血脂、高血黏、高血凝、自由基过多、血管内皮损伤、微循环障碍和免疫功能低下等七大危险因子，将成为安全可靠、根治心脑血管疾病的新一代绿色药物。那么，茶黄素清除自由基的工作原理是什么呢？SOD、CAT、GPX都是人体的抗氧化酶系，如果这些酶的活性足够高，就可以帮助人体产生足够多的能量去除掉自由基，从而使很多疾病得到控制。茶黄素对这些酶都有激活作用，而对于产生自由基的酶类，则有抑制效果。另外，茶黄素还可以充当"敢死队员"角色，"敌人"来了，它首当其冲。从这几个角度来说，茶黄素可以很好地抑制人体里过多自由基的产生。三是茶氨酸类产品。茶氨酸是一种N—乙基—谷氨酰胺，具有提神益智的作用。此外，茶氨酸对改善睡眠也有很好的效果。众所周知，人体内有一种让人感觉舒服和安静的电磁波——阿尔法波。人在口服茶氨酸，特别是口服30~60分钟后，脑电波图上显示阿尔法波增强。也就是说，人在口服茶氨酸30分钟以后，就可以很好地进入睡眠状态。

（二）茶叶功效利用方式

现代人在繁忙的工作之余，可以通过以下三种方式充分利用茶的功效：

①以原茶的形式。即食品保持茶叶的原状，人们一眼便知这是茶产品。

②改变茶的物理形状。例如制成超微茶粉。

③利用茶叶提取物。就是将茶叶的有效成分提取出来，添加到各种食品中。从功能上

看，将茶叶添加到食品中很有益处：一是抗油脂氧化。茶叶所含的茶多酚、维生素C都是抗氧化剂，可延长食品的保质期。二是具有杀菌保鲜作用。三是一种天然色素，茶叶添加到食品中可以起到上色的作用。例如茶黄素，我国已将其列为天然食品添加剂，可以代替合成色素。四是充当营养补充剂。五是改善食品风味。茶叶的每种成分都有特殊的味道。例如，EC和EGC是不带没食子酸基团的两种儿茶素，微苦、无涩味。而ECG和EGCG是带没食子酸基团的两种儿茶素，苦涩味。咖啡因呈苦味，游离糖甜味，茶氨酸又鲜又甜，有机酸、维生素C呈酸味。人们可以根据需要，选择不同的茶叶或者不同的茶叶提取物，添加到不同的食品中。特别是超微茶粉，在食品行业的应用已经非常广泛。超微茶粉工艺相对简单，即将干净的茶叶通过蒸汽杀青、干燥，在低温条件下超微粉碎或者碾磨，变成茶粉，其粒度一般在800目以上，最细的可以达到1500目。平常泡茶不易溶解的成分，比如膳食纤维，可以通过这种形式添加到食品中。这种工艺要求使用新鲜、优质、干净的茶叶。下面，将从原茶、物理形状改变的茶叶以及茶叶提取物三个方面举例介绍茶叶在食品行业中的应用。

1. 原茶在食品行业中的应用

常见四道美食——茶叶蛋、龙井炒虾仁、茶香鸡以及茶香虾都非常美味。其中，茶香鸡将茶与鸡相结合，利用茶的香气掩盖鸡的腥味，同时，茶叶还可以吸收鸡肉中的大量脂肪，堪称天作之合。龙井炒虾仁是杭州的一道名菜。不仅绿叶配红虾非常漂亮，更重要的是，虾含有很高的不饱和脂肪酸，而茶叶所含的茶多酚能有效地防止其氧化。虾仁若高温下锅，会发生部分氧化。若混合茶叶一起翻炒就大不一样了。从香味上讲，茶叶的清香可以掩盖虾仁的腥味。从色泽上看，二者可以相互映衬。现在杭州非常注重推广茶文化，比如蕴含深厚传统文化的西湖十大茶菜，将西湖的美景和茶有机结合，有茶和保俶塔、里西湖、外西湖、断桥等文化元素。不仅造型美观，还很有文化内涵。

2. 茶粉在食品行业中的应用

茶粉的应用，相当于吃茶，即把整张茶叶吃下去。从传统上看，我国很早就有吃茶的习惯，例如擂茶，又称三生汤。以生茶叶、生米仁、生姜为主要原料，捣碎，然后用水冲泡，可以是凉水，也可以用热水冲饮。《梦粱录》曾记载杭州临安府有一道茶叫七宝擂茶，传说是用花生、芝麻、核桃、姜、杏仁、龙眼、香菜和茶擂碎，煮成茶粥饮食。

现在茶粉的吃法比以前更加多种多样。例如，茶盐是把茶粉和盐拌在一起，或将茶叶制成如榨菜一样的小菜，或将抹茶调入普通食品，如抹茶凉面、抹茶冰棍等。通过这些方式，可以吃下茶的全部营养。此外，还有很多糕点，例如酥糕、酥糖，以前都是重油、重糖的食品，添加茶粉改良之后，口感会变得甜而不腻，同时还增加了茶叶所含的很多营养。比如月饼，茶月饼已经有二十多年的历史。1992年，我国已批准茶多酚作为油脂的抗氧化剂使用，将茶多酚添加到月饼的馅和皮里，可增加月饼的抗氧化功能，延长保质期。这些由茶叶制成的美味食品，不仅从生理上让人们获得了更多的营养，还从心理上让人更加愉悦。

3. 茶叶提取物在食品行业中的应用

首先是茶叶提取物在油脂中的应用。将茶叶提取物添加到油脂中，可增加油脂的抗氧化性，从而延长油脂保质期。茶籽油是从茶籽中榨出的油，本身含有茶多酚、皂素，有一定的抗氧化功能。其次是茶饮料。茶饮料是指将茶叶提取物，或者喷雾于干燥产品，或者将浓缩液按一定配方与各种调味料混合，调配后制成罐装或瓶装饮料。

近年来，茶饮料发展迅速。2009年，我国茶饮料产量已经超过700万吨，约占全国软饮料产量的10%。2010年，我国软饮料增长率为18.27%，茶饮料也呈同步增长态势。所以，茶饮料未来发展前景非常广阔。大致有三条发展路径：①低卡路里型。现在市场上已有零卡路里饮料，即无糖、无热量型。②各地充分利用本地传统特色茶，开发研制相应的茶饮料。例如安溪铁观音、西湖龙井、黄山毛峰、冻顶乌龙等，可以研发各个品种相应的名优茶饮料。③研发各种功能性茶饮料。例如，现在市场上很热销的专门针对降脂减肥的减肥茶、专为儿童设计的添加更多茶氨酸饮料、用茉莉花和茶提取物配制的茉莉茶饮料。酥油茶也可以改变加工工艺，改为先煮茶叶，后滤茶汤，在茶汤中加入牛奶等物质制成奶茶。还有现在很提倡的原叶茶饮料，100%来源于茶，没有任何添加。

六、茶为"万病之药"

正确理解"茶为万病之药"，首先需进行历史回顾，其次需了解"茶为万病之药"的理论依据。

（一）茶叶、茶药

茶叶在我国最早是作为药物使用的，称为茶药。其药理功效的最早记载始见于《神农本草》中关于茶的起源部分。书中记载了神农"日遇七十二毒，得茶而解之"。到了汉代，人们将它当作长生不老的仙药。医圣张仲景在《伤寒论》中对茶的评价是"茶治脓血甚效"。名医华佗也认为"苦茶久食益思意"，就是说茶对身体很有好处。茶圣陆羽在《茶经》里也记载了茶的很多功效。可见，唐代以前的古人就已认识到茶的不少功效，认为茶不仅可以提神、明目、有力气、使人精神愉快，还可以减肥、增强思维的敏锐度等。宋代以后，关于茶的功效的记载就更加丰富了。像苏轼的《茶说》、吴淑的《茶赋》、顾元庆的《茶谱》，李时珍的《本草纲目》等都记载了茶的功效。《本草纲目》对茶的功效的记载："茶苦而寒最能降火"，认为"火"会引起人体很多问题。日本茶道鼻祖——荣西，在《吃茶养生记》中写道"茶者养生之仙药，延龄之妙术也"。他认为茶能养生，能延长人类寿命。茶刚开始传入欧洲时，并不在食品店、茶叶店售卖，而是在药房作为药品售卖。20世纪80年代以后，再次出现了茶的研究高潮，因为日本科学家第一次揭示了茶多酚能够抑制人体的癌细胞活性。此后，研究茶的科学家越来越多。浙江中医药大学林乾良教授翻阅了很多文献，把茶的传统功效归结为让人少睡、安神、明目等24项。从这些结论中证实了茶确实能预防或者治疗很多疾病，"茶为万病之药"是很有道理的。现代医学也证实了这一论断，现在中外营养学家评选的"十大健康长寿食品"、我国《大众医学》2003年评选的"十大健康食品"中都有茶叶。美国的《时代周刊》和《时代》杂志都把茶作为最好的抗氧化食品或者营养食品推荐。德国的《焦点》杂志也把茶列为十大健康长寿食品之一。特别是绿茶具有很神奇的功效，它能够预防动脉硬化和前列腺癌，能够减肥和燃烧脂肪。这些功效在很多中外文献中都有提及，越来越多的科学家开始聚焦于研究茶与健康的关系，从文献发表中可见一斑。1985年只有3~5篇，2005年有500多篇，2015年就有1000多篇。这表明科学家越来越关注茶的健康作用。

（二）理论依据

茶被誉为"万病之药"，在于它的有效成分很多，含有茶多酚、氨基酸、咖啡因，对人体很有好处，甚至有人把茶多酚称为"第七营养素"，把茶树称为合成珍稀化合物的天然工厂。目前已知的食品有六大营养素，如今有人将茶多酚提高到这一高度，充分表明茶的有效成分与人体健康关系非常大。现代医学的"自由基病因学"学说，正好印证了"茶为万病之药"的古训。

七、茶的九大保健功效

（一）延年益寿

茶的第一个功效是抗氧化或者延缓衰老作用。当代茶圣吴觉农先生，以及其他茶界泰斗和元老级人物，他们的身体状况普遍好于普通人，长寿率也高，都在80岁以上，因此，将108岁的老人称为"茶寿"。

（二）增强免疫力

茶能够增强免疫力。增强免疫力可以抵抗病毒的入侵，也可以减少肿瘤发生的概率，大量的实验可以证明此观点。

（三）脑损伤保护

中科院生物物理所与浙江大学的联合研究发现茶叶的成分对脑损伤有保护作用，可以防治帕金森氏症。日本的研究也发现70岁以上的老人每天喝茶2~3杯，患老年痴呆症的概率较低，记忆力、注意力和语言使用能力明显高于不喝茶的同龄人，证实了茶对脑确实是有保护作用的。

（四）降血脂

茶的降血脂作用是非常明确而稳定的。茶的成分，尤其是将茶多酚从茶叶里提炼出来制成胶囊、片剂，让高血脂人群连续服用一个月，血脂平均下降20%，而且这一方法对80%以上的人有效。

（五）养颜祛斑

茶能够祛色斑，女性茶友可能比较感兴趣。通过对100位脸上色斑较多的女性服用茶多酚的临床研究，发现18～65岁的女性连续服用一个疗程以后，其色斑面积减少了接近10%。更重要、更有效的是被试者的色斑颜色与比色卡比较，发现色斑褪掉了接近30%。茶的这一功效对老年斑也有一定的作用。

（六）预防肥胖

喝茶预防肥胖效果非常好，如果已经很胖了，想通过喝茶减肥，效果可能不够稳定。在实验中，喝茶减肥仅对少部分人效果明显。人体肥胖的原因迄今为止还没有定论，但在美国，人们非常推崇喝茶的减肥作用。中国的茶多酚主要出口到美国，一年超过1000吨，美国人视之为减肥药品，他们认为茶叶能够燃烧脂肪，能够减肥，所以在美国用茶减肥是非常深入人心的。

（七）预防高血压

据调查发现，每天喝茶的杯数与高血压威胁的指数成反比。茶喝得越多，患高血压病的概率就越低。其作用机理是茶能够抑制血管紧张素，使血压不致升高。爱喝茶的人患高血压的概率比不喝茶的人可能要低接近一半，不喝茶的人患高血压的概率是10.5%，喝茶的人则只有6.2%，这充分表明喝茶能够预防高血压的产生。现在，中国、韩国、日本都研制出了很多利用茶的有效成分来防治心脑血管疾病的药物。

（八）解酒

通过小白鼠抵抗酒精急性中毒的实验表明，在喝酒前喝茶，可以起到一定的预防酒精中毒的作用，但是酒后则不宜饮茶，尤其不宜饮浓茶。

（九）抗癌

茶能够抗癌、抗肿瘤，从1987年至今，全世界的研究者发表了将近5000篇关于茶叶抗肿瘤的文章，茶叶抗肿瘤机理也比较清晰。众所周知，致癌过程分三个阶段，一是启动，二是促进，三是增殖。茶的成分在不同阶段都可以起到抑制作用。陈宗懋院士于2009年在《茶叶科学》上发表了一篇论文《茶叶抗癌二十年》。他认为茶叶能抗癌，是因为茶叶能够抗氧化、能够抑制癌基因表达、能够调节转录因子等，从而起到抗癌作用。综上所述，茶叶具有如此多的功能，我们完全可以认为，茶产业是这个世纪的朝阳产业，发展前景相当广阔。

第二节　健康饮茶

中医把人的体质分为9种，不同体质与茶类应如何匹配？环境、体质、工作等个性化特征越来越明显的今天，怎样才能更加科学健康地喝茶？

健康饮茶对于每一位饮茶人都非常重要，每一个体因年龄、性别、体质、工作性质、生活环境及季节的不同可以有不同的选择。

一、看茶喝茶

看茶喝茶，就是根据不同的茶叶采取相应的喝茶方式。从中医角度来看，六大茶类可以分为寒性、中性和温性。绿茶、黄茶、白茶属于寒性，乌龙茶属于中性，黑茶和红茶属于温性。甚至还可以将茶叶品性细分得更深入一些，例如普洱茶，刚制成的生普洱，其实是绿茶，属于寒性；存放5年以上的熟普洱属于温性。还有乌龙茶，轻发酵的乌龙茶，如文山包种茶及浙江龙泉的金观音，用玻璃杯冲泡感觉是绿茶，但是又有乌龙茶的香气，应属寒性茶；而中发酵的乌龙茶则是中性茶。重发酵的茶叶，例如全发酵的红茶是温性，大部分的黑茶也是温性。

二、看人喝茶

看人喝茶就是根据人的体质来选择正确的喝茶方法。例如，有人一年四季喝菊花茶，但是喉咙始终疼痛，看西医没用，后来中医告诉他，喉咙痛是因为每天喝菊花茶引起的。菊花茶性寒对喉咙不利，停掉菊花茶改喝普洱茶或者乌龙茶或者红茶，他的喉咙痛很快就好了。有人喝绿茶拉肚子，也是绿茶性寒引起的；有人喝茶整夜睡不着觉；有人喝茶血压会上升；甚至还有人喝茶会醉，感觉比醉酒还难受，心慌冒冷汗，这是体质虚弱的人出现的低血糖反应，空腹喝茶尤甚。所以，不同体质的人喝茶方式不对，就可能出现身体不适的现象。如果一个人内火很旺，还要喝红茶，这就是火上浇油，火气更加旺了。有些人夏天吃西瓜或者苦瓜会拉肚子，表明其体质太寒；如果冬天喝绿茶，就是雪上加霜。因此，要正确喝茶，首先就要了解自己是什么体质，然后针对自己的体质选择合适的茶品。体质是指人体在生命过程中，在先天禀赋和后天获得的基础上所形成的形态结构、生理功能和心理状态方面综合的、相对稳定的固有特质。2009年，我国发布了史上第一部《中医体质分类与判定》标准，将人的体质分为9种。这9种体质类型及其相应特征如下：

①平和质：面色红润、精力充沛。

②气虚质：易感气不够用声音低、易累易感冒。

③阳虚质：阳气不足、畏冷手脚发凉、易大便稀溏。

④阴虚质：内热、不耐暑热、易口燥咽干手脚心发热、眼睛干涩、大便干结。

⑤血瘀质：面色偏暗、牙龈出血、易现瘀斑、眼睛有红丝。

⑥痰湿质：体形肥胖、腹部肥满松软、易出汗、面油、嗓子有痰、舌苔较厚。

⑦湿热质：湿热内蕴、面部和鼻尖总是油光发亮、脸上易生粉刺、皮肤易瘙痒。

⑧气郁质：体形偏瘦、多愁善感、感情脆弱、常感到乳房及两肋部胀痛。

⑨特禀质：特异性体质、过敏体质、常鼻塞、打喷嚏、易患哮喘、易对药物、食物、花粉、气味、季节过敏。

第一种称为平和质，属正常体质，这类人是健康的，系医院的"免检产品"。

第二种称为气虚质，这类人气很虚，总感觉自己的气不够用，很容易累，也很容易感冒。

第三种称为阳虚质，指阳气不足、怕冷，冬天手脚非常冷，如果晚上不用热水烫脚根本睡不着，甚至睡到第二天早上脚可能还是凉的。这一类人很常见，就是怕冷。他还有一个特征，每天要上很多次厕所，而且大便不成形。

第四种称为阴虚质，是与第三种相反的体质类型。这类人内热，冬天不怕冷，不耐暑热，而且容易口干、喉咙干，脚心、手心非常烫，眼睛干涩，很容易便秘。肤色晦暗，色素沉着，容易显现瘀斑，口唇黯然，舌黯或有瘀点，舌下络脉紫黯或增粗，脉涩。

第五种称为血瘀质，一般面色暗沉，牙龈容易出血，容易出现瘀斑，眼睛里红丝多。

第六种称为痰湿质，体形肥胖，腹部肥满松软，很容易出汗，皮肤也容易出油，苔腻痰多口黏。

第七种称为湿热质，面垢油光、口苦、苔黄腻。

第八种称为气郁质，神情抑郁、忧虑脆弱，形体相对比较瘦。

第九种称为特禀质，就是先天失常，以生理缺陷、过敏反应等为主要特征。那么，不同体质的人应该怎么喝茶呢？

平和质的人，什么茶都可以喝。

气虚质的人，不能喝高咖啡因的茶，也不能喝寒性，一般应喝熟普洱茶或发酵中度以上的乌龙茶。

阳虚质的人，不宜饮绿茶，尤其不能喝蒸青绿茶、黄茶、苦丁茶，应多喝红茶、黑茶或重发酵的乌龙茶（像武夷岩茶）。

阴虚质的人，应多喝绿茶、黄茶、白茶、苦丁茶或轻发酵的乌龙茶，喝茶时还可以适量搭配一些枸杞子，或者喝菊花茶、决明子茶，少喝甚至不喝红茶、黑茶、重发酵的乌龙茶。血瘀质的人各种茶都可以喝，而且可以喝浓茶，最好加一些山楂、玫瑰花、红糖甚至可以直接吃茶多酚片。

痰湿质的人，应多喝浓茶，而且各种茶都可以喝，还可以适量添加橘皮一起喝。

湿热质的人，应多喝绿茶、黄茶、白茶、苦丁茶、轻发酵的乌龙茶，也可以搭配枸杞子、菊花、决明子一起喝，少喝红茶、黑茶、重发酵的乌龙茶。

气虚质的人，可以喝安吉白茶，或者喝咖啡因较低的、相对较淡的茶，甚至可以喝玫瑰花茶，一些含有芳香成分的茶类及金银花茶、山楂茶、葛根茶、佛手茶，浓度较低的淡茶也是可以的。

特禀质的人，应尽量喝淡茶，与痛风病人、神经衰弱的人一样，喝茶时可以把第一杯甚至第二杯倒掉，也可以喝像安吉白茶一类低咖啡因、高氨基酸的茶。

因此，建议大家先行判定自己属于哪一种体质，再选择适合自己的茶。从总体上讲，体质与喝茶的关系，就是热性体质的人要多喝寒性茶，寒性体质的人要多喝温性茶。此外，人的身体状况是动态的，可能随时发生变化。人的体质可能有很多种，有时甚至是很矛盾的存在。所以，每种茶类，无论是什么体质，都可以尝试一下，问题不大。有些人喝茶很讲究，长期就喝一种茶。久而久之，可能会使人的体质往相应的方向发生转变。所以，要考虑个人的体质再喝茶，希望茶能把人们的体质往正确的道路引导而不是推向"深渊"。体质跟喝茶的关系，大有学问，值得大家研究。

同时，职业环境、工作岗位不同，可以喝的茶也不同。比如计算机工作者可以多喝一些能抗辐射的茶，脑力劳动者包括教师、学生可以喝能让思维更加敏捷的茶。

此外，喝茶还因个人喜好不同而异。例如，开始喝茶者以及平时不常喝茶的人，适宜喝淡一些、鲜爽味浓一些、氨基酸含量高的茶例如安吉白茶；有些老茶客喜欢喝浓茶，但有些老茶客习惯喝淡茶；有些人有调饮习惯，喜欢喝茶时加一些柠檬、茉莉花、玫瑰花或者牛奶，这些都可以根据个人喜好的不同进行调整。如何判断茶叶是不是适合你喝呢？如果觉得不知道自己是什么体质，且也没有时间去测定，那你就可以看看身体是否出现不适反应，主要表现在两个方面：如果你喝了绿茶，马上会肚子不舒服或者要去上厕所，就表示你的体质是凉性的，可以改喝温性的茶；若觉得喝某类茶，睡不着觉或者容易出现头昏或者出现"茶醉"现象，那么表示你浓茶肯定不能喝。如果你喝某种茶感觉身体很好，不大容易感冒，精神非常好，那你可以长期饮用。也就是说，要根据自己的感受去喝茶。

三、看时喝茶

看时喝茶是指不同时间喝的茶也不一样。喝茶应根据不同季节调整茶类，因为人体可能随着季节发生变化，比如冬天是一类体质，夏天可能变成另一类体质。正所谓："春饮花茶理郁气，夏饮绿茶驱暑湿。秋品乌龙解燥热，冬品红茶暖脾胃。"即春夏秋冬四季，可以喝不同的茶。有些人更讲究，每天喝茶都要换四五种，晨起、早餐以后、午餐以后、下午跟晚上喝的茶都不同。有时间和兴趣的茶友，可以试试。

四、饮茶贴士

（一）忌空腹饮茶

空腹饮茶会冲淡胃酸，抑制胃液分泌，妨碍消化，甚至会引起心悸、头痛、胃部不适、冒冷汗、眼花、心烦等"茶醉"现象，俗语云："空腹饮茶，正如强盗入穷家，搜枯。"

（二）忌睡前饮茶

睡前饮茶会使精神兴奋，可能影响睡眠，甚至导致失眠。因此，睡前应少喝茶，尤其是咖啡因多的茶尽量不喝。

（三）忌饮隔夜茶

尽量不喝隔夜茶。隔夜茶分两种：一种是茶叶冲泡好后放了一个晚上，第二天再喝，这种隔夜茶是不能喝的，因为茶水放久了，维生素就损失掉了，且微生物对茶水也有污染，容易发生变质甚至析出重金属和农药残留。另一种隔夜茶是泡好茶后把茶水倒出来，放在另一个杯子里盖好，然后放在冰箱里，这种隔夜茶第二天可以喝。

（四）糖尿病患者宜多饮茶

饮茶能降低血糖，有止渴、增强体力的功效。糖尿病患者宜饮绿茶，饮茶量可适当增加一些，一日内可数次泡饮。饮茶时吃南瓜食品可增强效果。

（五）早晨起床后宜立即饮淡茶

经过一昼夜的新陈代谢，人体会消耗大量的水分，血液浓度大。饮一杯淡茶水，不仅可补充水分，还可稀释血液，降低血压。特别是老年人，早起后饮一杯淡茶水，对健康有利。饮淡茶水可防止损伤胃黏膜。

（六）腹泻时宜多饮茶

腹泻易使人脱水，产生指纹凹陷，多饮一些浓茶，茶多酚可刺激胃黏膜，对水分的吸收比单纯地喝开水要快得多，能很快地给人体补充水分，同时茶多酚具有杀菌止痢的作用。

第三节　茶疗实践价值

一、现代茶疗的特点

中国茶疗能历经数千年而不衰，并得到广泛应用，这与它自身的特点是分不开的，概括起来，茶疗具有以下特点：

（一）配伍简单

茶疗方，多数是用单纯的茶叶冲饮，或者将茶叶与其他中草药配伍，或冲泡，或煎煮。而与茶相配伍的，一般都是精挑细选两三味经中医临床证实确有疗效的中草药。例如杜仲茶，一般是将6克杜仲研末，用绿茶水冲服，可达到补肝肾、强筋骨的作用。即便是少数较为复杂的配方，在民间都能够采集或者购买得到的。例如，清热养阴茶，共需8味中药：甘菊9克，霜桑叶9克，麦冬9克，羚羊角1.5克，云苓12克，广陈皮4.5克，炒枳壳4.5克，鲜芦根10克，茶叶5克，加水煎汤，取汁饮服，这8味中药在中药店很容易购买到。

（二）使用广泛

茶疗方的适用范围几乎遍及内科、外科、妇科、儿科、五官科、皮肤科以及养颜保健等方面，当今的疑难杂症，如艾滋病、癌症等也可选用茶疗作为辅助治疗方法。茶疗方的剂型也由过去单一的汤剂发展为散剂、丸剂、冲剂等多种剂型，因茶叶本身就含有多种药效成分和营养成分，再加上它与各种不同功效的中草药配合使用，进而使茶疗的应用范围更加广泛。

（三）应用方便

茶疗，或单方或复方，一般都可就地取材。例如，可以治疗胃脘疼痛、呕吐、食欲缺乏的"醋姜茶"，就是将生姜30克，用食醋浸泡24小时后加入红糖、茶叶适量，用沸水冲泡，稍等片刻，即可饮用。它不需要用药罐进行长时间的煎煮，同时这些都是普通家庭常备材料。另外还有一些含有中药的配制方剂，例如用于治疗感冒风寒、呕吐的"午时茶"冲剂，不但可以随身携带，而且饮服方便，只需用沸水冲泡即可，既省时又省事，人们易于接受。

（四）节省费用

茶疗方多以单味或两三味中草药居多，用药量少，分量不重，不少药材都是廉价草药，且一般都能在药店购得，因此，费用低，可减少开支，人们乐于采用。

（五）赏心悦目

部分茶疗方也确实如此。自古以来，"从来佳茗似佳人""两腋清风几欲仙"，都是对茶叶的赞美。一般而言，茶疗方重在"疗"而不在"品"，但也有不少兼具"品""疗"双重功能的茶疗方。例如"菊花龙井茶"，即菊花10克，龙井茶3克，用沸水冲泡后饮用，主治早期高血压及肝火上亢所致的眩晕头痛等症，冲泡之后的朵朵菊花，盛开在翠绿色的茶叶之中，上下起浮，令人赏心悦目。"芹叶蜂蜜茶"是将芹菜叶加入适量茶叶、蜂蜜冲服，能平肝清热降压，一杯清爽的蜂蜜茶，能让劳累了一天的双眼立即为之一亮，满目的绿色能让人一下子就心平气和了起来，更不用说像玫瑰花茶那样养颜护肤的诸多雅品了。

（六）效果良好

茶疗方虽配伍简单，但药效易于发挥，比如一些加药茶，它们不像汤药那样只煎煮1～2次，而是可以多次冲饮，直至茶味变淡为止，使药物的有效成分充分浸出。并且多次冲饮有利于人体和缓地吸收药物的有效成分，使疗效更持久。例如茶叶本身具有利尿功能，将茶与车前草、竹叶心一并煎汤后饮用，可反复冲泡数次，效果将更加显著。

但是，茶疗虽然应用广泛，但对一些急性病来说，仅仅依靠茶疗是不够的，茶疗只是一种辅助调理的手段。

二、茶疗方的种类

茶疗方的种类，因分类法不同而有所区别。

① 从方剂的构成上看，可分为单方、复方（两种以上的中药组成的方剂）两种。

② 从应用方法上看，可分为内服方、外用方和体外应用方三种。内服方有饮用茶叶、茶药合饮、以药代茶饮等；外用方指点眼、吹喉、漱口、熏洗、调敷、末撒等；体外应用方是指像在枕头中装茶叶治疗头痛、养颜等。

③ 从常用茶疗方组成来看，可分为有药有茶和有药无茶两种，前者如清热解毒的金银花茶，止咳平喘的白僵蚕茶；后者如适用于心脏病的红参麦冬茶、化痰止咳的川贝茶和治疗高血压的决明子茶。

三、茶疗方的剂型

茶疗方的常用剂型有以下几种：

（一）汤剂

汤剂是茶疗方中最常用的剂型，它是将茶疗方中各味中药或仅仅将茶叶加以煎煮，或者用沸水冲泡后饮用，适于一般家庭。

（二）块状茶

块状茶是将茶叶或者药物晒干或烘干后，碾成粉末，加入面粉等黏合剂，搅拌均匀，用机具压制成小方块、小饼块等。

（三）丸剂

丸剂通常指两个方面：一是指小圆粒的制剂；二是从功用上说，"丸者，缓也"，需经过崩解、溶化后才能吸收并发挥疗效，所以较适宜调理慢性病，在现代社会已较少使用。

（四）散剂

散剂就是粉状的中药制剂，它的优点是易于吸收和容易发挥疗效。

（五）袋泡茶

将茶叶或者茶疗方中的各味中药干燥后碾成粉末，按一定量分装在特制的滤纸袋中，即成袋泡茶。服用时只需将袋装茶置入杯中，冲入沸水，静置一段时间即可饮用，冲饮2～3次即可将滤纸袋连茶渣取出弃置。袋泡茶类似于汤剂，比如减肥降脂的"减肥茶"。

（六）速溶茶

速溶茶是可以较快地完全溶解于水的新剂型。

（七）片剂

片剂是将茶叶（或与中药一起）按现代制药方法，制成小圆片，用开水送服即可。

（八）口服液

将茶叶（或添加中药）按现代制药方法，封装于安瓿瓶内，如目前较为流行的茶多酚口服液等。

四、茶疗方的服用方法

茶疗方的服用方法有许多种，常用的有以下几种：

（一）冲泡

将茶叶或与之配伍的中药，置于陶瓷器皿或者玻璃器皿中，用沸水冲泡，静置一段时间即可饮用，一般可冲泡多次，直至味淡。

（二）煎煮

有些茶疗方含有多味中药，一般茶杯容量有限无法全部容纳，或者某些中药的有效成分需一定时间煎煮才能充分发挥其药性，这时，应煎煮、过滤后服用。

（三）调服

调服法有两种：一是将茶疗方中的各味中药碾成粉末，用水或其他药物煎煮的药液调服；二是将中药研末，再用茶汁调服或送下。例如，风寒感冒初期，可将香白芷3克、荆芥穗3克研末和匀，用茶水送服。

（四）和服

和服法是将已冲泡好或煎煮好的茶汁中和食醋或酒饮用。多适用于祛寒、止痛等症。

（五）含服

含服是将茶叶先含在口腔内，然后慢慢咽下，这种服用方法适用于口腔溃烂、牙周炎、咽喉炎等症。

此外，还有一种外敷法，即将茶叶或茶疗方中的各种药物碾成粉末，用浓茶汁调和，敷于患处。这种方法常见于外科、皮肤科等。

五、每天适宜的饮茶量

饮茶的益处固然多，但同样也应适度。过量饮茶，会增加心脏、肾脏负担，还会抑制胃液分泌，妨碍消化，特别是过量饮用浓茶，茶叶中的咖啡因、可可碱等在人体内含量过高，刺激性过大，会使大脑神经过于兴奋，以致心跳加快，产生心悸、头痛、胃部不适，出现尿频、失眠等症状；饮用量过少，又无法起到强身健体的作用。那么，一天的饮茶量究竟以多少为宜？一般情况下，应因人而异。一名健康的成年人，每天饮用浓度适中的茶水以2～3杯为宜，投茶量为每杯3～5克，每杯茶的控水量约150毫升。如果每杯茶冲泡2～3次，用水量约400毫升。此外，一天的饮茶量还取决于饮茶习惯、年龄、健康状况、生活环境、风俗等因素。例如，运动量较大、消耗多的人，每天的茶叶用量可在20克左右；居住在西藏等高原地区的人，每天的茶叶用量通常在30克左右。这样的用茶量有助于他们消化、祛痰，减少脂肪积累；烟酒量大的人也可以适当地增加茶叶用量；至于用茶来治疗某些疾病，应谨遵医嘱，酌情使用。

六、茶叶冲泡的最佳次数

茶叶冲泡的次数，应根据茶叶种类和饮茶方式而定。茶叶的种类不同，耐泡程度也不同。一般来说，非常细嫩的绿叶并不耐泡，在冲泡2～3次后就没有什么茶味了；普通的红茶、绿茶，可冲泡3～4次。茶叶的耐泡程度固然与茶叶嫩度有关，但也与加工后茶叶的完整性有关，加工后越细碎的茶叶，茶汁越容易浸出；加工后越完整的茶叶，茶汁浸出速度越慢。例如，各种袋泡茶、碎红茶就属次抛型，即冲泡1次就可将茶渣丢弃；乌龙茶一般可冲泡6～7次，有"七泡有余香"之说；而品质极佳的铁观音可冲泡十三四次，仍然茶香阵阵。此外，茶叶的耐泡程度还因茶叶加工方式不同而有所不同，如茯砖茶、七子饼茶等。根据实验测定，普通茶叶第一次冲泡浸出量占可溶物容量的50%左右，第二次冲泡一般为30%左右，第三次为10%左右，第四次只有1%～3%。从营养角度看，茶叶中的维生素C和氨基酸在第一次冲泡中浸出量约80%，第二次冲泡浸出量约15%，其他主要成分如茶多酚、咖啡因等，也是第一次浸出量大，经三次冲泡后，这些主要成分基本上全部浸出。因此，无论从茶叶的营养成分还是从药效成分来看，普通绿茶、红茶、白茶、黄茶等，以三次冲泡为佳。

七、日常饮茶的选择

由于个人品位、偏好不同，各地风俗习惯、气候条件、环境因素不同，饮茶人各有各的偏好，各有各的追求。绿茶的鲜爽、红茶的甜醇、乌龙的韵味、普洱的醇厚、花茶的馥郁，都有各自的拥趸。

若对茶叶的营养成分和药效成分进行比较，绿茶特别是名优绿茶，维生素C的含量优于其他茶类。每百克绿茶中的维生素C含量高达200～500毫克，而其他茶类如红茶、乌龙茶等，由于加工工艺不同，对维生素C的破坏比绿茶大得多。所以，一个人每天喝2～3杯绿茶，就能满足人体对维生素C的需求。另外，绿茶中的维生素B_1、维生素B_2，比红茶高1～2倍，比乌龙茶高0.5～1倍；绿茶中磷、钾等矿物质含量一般也比红茶高，特别是锌的含量通常比红茶高1倍多。若从杀菌作用来看，不同茶类杀菌效果不同。例如，对金黄色葡萄球菌，红茶和普洱茶的杀灭作用比绿茶强；对霍乱弧菌，绿茶的效果优于红茶和普洱茶；对小肠结肠炎耶尔森细菌，普洱茶的效果比红茶、绿茶强。

此外，不同身体条件的人，适宜选择不同的茶类。例如，身体比较虚弱的人，适宜喝红茶，或者牛奶红茶，既可补充营养又可增加能量；女性在经期前后，性情烦躁，饮用花茶有疏肝解郁、理气调经的功效；少年正处于发育旺盛期，需要更多的营养，适宜喝绿茶；希望保持苗条身材或者减脂减重的人，可以多饮乌龙茶、普洱茶；少数民族地区常年食用牛、羊肉的人，可以多喝经过发酵的紧压茶，例如砖茶、饼茶等；经常接触放射性物质、有毒物质的人员，可以选择绿茶作为劳动保护饮料；艺术家、驾驶员、运动员等脑力劳动者和体力劳动者，为了提高大脑的敏捷程度，保持头脑清醒、精神饱满，增强思维能力、记忆能力和判断能力，可以饮用各种名优绿茶。所以，日常饮用哪种茶，应视需要而定。

八、最适宜饮茶的时间

关于最适宜饮茶的时间，古书曾有描述，古人认为饮时"心手闲适，披咏疲倦，思绪纷乱，听歌闻曲，歌罢曲终，杜门避事，鼓琴看画，夜深共语，明窗净几，洞房阿阁，宾主款狎，佳客小姬，访友初归，风日晴和，轻阴微雨，小桥画舫，茂林修竹，课花责鸟，荷亭避暑，小院焚香，酒阑人散，儿辈斋馆，清幽寺观，名泉怪石"。——即饮茶要有好的心情，如身心闲适平和之时，读书吟咏倦怠之时，曲终人静之后，或是闭门深居独自弹琴赏画一刻；饮茶要有好的人际关系，如朋友相访，倚窗闲话不觉夜深；饮茶还要有好的环境，或天气晴和，或细雨微阴，或竹林画廊、花鸟亭榭、怪石泉流，或清幽人静的时刻。在如此美妙的意境下饮茶，一定妙不可言。

前有古人，后有来者。如今的人们何时饮茶，可视周边环境、工作性质、个人情况而定。口渴时，喝杯热茶能润喉解热；心烦时，喝杯茶能平心静气；疲惫时，喝杯茶能舒展筋骨；腹胀时，喝杯茶能去腻消食。一般来说，心神不宁时，饮茶能安神除烦；头痛目涩时，饮茶能醒脑明目；嗜烟之人，抽烟时若饮上一杯清茶，可以有效减轻尼古丁对人体的毒害；脑力劳动者，饮上一杯茶，可以保持头脑清醒，有利于工作效率的提高；体力劳动者，喝上一杯茶，可以消除疲惫，增强机体活力，提高劳动效率。

夜深人静、夜半读书时，可以饮上一杯茶；友人相逢、同学团聚时，可以饮上一杯茶；杏花春雨、晓雾啼莺时，可以饮上一杯茶；画舫轻漾、水墨轻描时，可以饮上一杯茶；春寒料峭、绿杨烟雨、高柳鸣蝉、梅影雪月时，可以饮上一杯茶；寒夜听雨、竹影荷香、眼目清凉、云烟变幻时，可以饮上一杯茶；粉墙花影、曲径通幽时，可以饮上一杯茶；晨钟暮鼓、经声佛号时，可以饮上一杯茶。因此，无论你做什么，只要你愿意，都可以饮茶。饮茶对身心健康是大有益处的。

九、老年人喝茶的禁忌

科学研究表明，老年人适当饮茶，有利于身体健康，倘若饮茶不当，反而会给身体带来不利影响。

对于老年人来说，切勿过量饮茶。因为随着年龄的增长，消化功能逐渐减退，如果大量饮茶，就会稀释胃液，影响食物的消化吸收。随着年龄的增加，老年人身体逐渐衰退，甚至出现小便失禁症状。饮茶过多过量，茶叶中咖啡因的利尿作用，势必会给老年人带来更大痛苦。饮茶过量过浓，较多水分被肠胃吸收进入血液循环，使血容量突然增加，再加上咖啡因的作用，会加重老年人的心脏负担，甚至会造成老年人心慌、胸闷、气短的现象。因此，建议心脏功能不是很好的老年人，应在白天饮用清淡茶水，晚上坚持不饮茶，有利于身体健康。

十、女性饮茶有美容养颜的功效

饮茶对于女性而言，具有美容养颜的功效，自古以来就有记载。例如，慈禧太后就有一套自己的养生之道：白天饮用金银花茶，晚上临睡前饮用糖茶，隔天用茶水送服一次珍珠粉。据说慈禧太后年过七旬，仍然肌肤白嫩，估计与她讲究饮茶不无关系。著名作家冰心偏爱茉莉花茶，她觉得茶香与花香融合在一起，有一种不可言喻的鲜爽愉快。越剧表演艺术家范瑞娟以茶护嗓、润喉。英籍华裔女作家韩素音喜欢喝绿茶，尤其爱饮西湖龙井。她认为喝茶对于捕捉灵感、保持苗条身材大有益处。她的饮茶体会是：茶给人无上愉悦，每当泡上一杯好茶，看着杯上的蒸汽像白鹭腾空，冉冉而上，茶香四溢，沁人心脾，便觉齿颊留芳，妙趣横生。茶叶中含有咖啡因等物质，它在刺激神经的同时，还能增强人体肌肉的收缩力，具有促进肌肉活动与新陈代谢的作用，所以饮茶有利于增加肌力，减轻疲劳。其实，消除疲劳、振奋精神正是美容的根本所在。疲劳过度，机体营养吸收就会降低，废物累积过多又难以排出体外，久而久之，可使皮肤变得松弛无力、干燥粗糙，对女性而言就是美容之大敌。科学研究认为，皮肤的健美主要与维生素的摄入量有关，如维生素A缺乏，易引起皮肤干燥、毛囊角化病；维生素B_2缺乏，易发生口角炎及脂溢性皮炎；维生素B_5不足，会发生癞皮病（烟酸缺乏），在阳光照射下，皮肤容易红肿、瘙痒、粗糙不平；维生素C缺乏，皮肤血管脆性增加且易出现点状出血现象；维生素E缺乏，则易产生色斑。而茶叶富含维生素，包括女性所需的维生素A、维生素B_1、维生素B_2、维生素B_5、维生素C、维生素E等，其中的维生素C、维生素E起着抗氧化、美白肌肤的作用。此外，茶叶所含的茶多酚、矿物质及其他营养素能补充人体之不足，尤其是多酚类物质还能抑菌、消炎、抗氧化、阻止脂褐素的生成，并将人体内含有的黑色素等毒素吸收后排出体外。所以，女性饮茶有明显的美容养颜功效。

第四节　茶叶贮存方式

一、影响茶叶质变的原因

收藏茶叶与收藏古玩有天壤之别，藏友务必考虑保质问题。在学习如何贮存茶叶之前，首先应了解茶叶的变化。

（一）茶叶的含水量

水分是茶叶内各种生化成分反应的介质，也是发生霉变的主要因素和微生物繁殖的必要条件。通常情况下，茶叶含水量控制在6%以下，便可较长时间地保存且保持品质不变；当茶叶含水量超过6.5%时，存放6个月就会产生陈味，含水率越高，陈化越快；当含水量超过7%时，滋味就会逐渐变差；当含水量超过8%时，短时间内就可能发霉；当含水量超过12%时，真菌大量滋生，霉味产生。因此，高档名优茶叶的含水量应控制在4%～5%为佳，一般茶叶含水量应控制在6%以内，最多不超过7%。

（二）贮存地的环境条件

1. 低氧环境

氧气是茶叶内含化学成分发生变化的介质。茶叶在贮存过程中，内含物质如茶多酚、维生素C等在有氧条件下会直接氧化而变质。因此，贮茶容器，应达到无氧状态，这样茶叶才不易变质。

2. 干燥环境

茶叶是一种疏松多孔的物品，具有较大的表面积和良好的吸水能力，当空气相对湿度在80%以上时，24小时内茶叶的含水量可达10%以上。因此，贮茶环境的空气相对湿度应控制在50%以下。

3. 低温贮存

温度越高，茶叶内化学成分的反应速度越快。一般来说，温度每升高10℃，茶叶色泽褐变速度加快3~5倍。而在0~5℃时，茶叶可在较长时间内保持原有色泽；在10~15℃时，色泽变化较慢，保色效果也好。因此，一般名优茶叶的贮存温度，通常控制在5℃以下。如贮存在-10℃以下的冷库或冷柜中，则效果更好。

4. 避光保存

茶叶在贮存过程中如受到光的照射，特别是紫外线的照射，则茶叶中的色素和酯类物质就会发生光氧化反应，产生日晒味，导致茶香、色泽劣变。

综上所述，茶叶的贮存必须满足茶叶本身含水率在6%以下，贮存环境具备避光、脱氧、低温、低湿以及干净卫生等条件。

二、茶叶贮存保质技术

茶叶是一种吸附性很强的物品，对空气中的水分和异味可谓来者不拒，若贮存方法稍有不当，就会在短期内快速失去茶叶的特质，尤其是香高味长的名贵茶叶，更加难以贮存。目前，我们常见的茶叶贮存保质技术有：

（一）常温贮存

常温贮存，常采用防潮性能较好的铝箔复合袋、各种金属罐、玻璃器皿及茶箱、茶袋等。因茶箱、茶袋防潮性能差，一般茶厂只在大批调拨货物时使用。复合袋、金属罐和玻璃器皿贮茶，要求茶叶含水量控制在6%以下；如果容器的密封性好，并结合其他方法保存，效果也不错。但在30℃以上的高温季节，茶叶品质就很难得到保证，尤其是色泽褐变难以防范。

（二）脱氧包装保鲜技术

脱氧包装贮藏法是把茶叶放置在密封容器内，再投入脱氧剂，除尽容器内的氧气，从而抑制茶的品质陈化。用这种方法贮存茶叶，容器须高度密封，不漏气。只要容器不漏气，投入脱氧剂后24小时，容器内氧气浓度能降到0.1%以下，茶叶基本处在无氧状态，保鲜效果也不错。

（三）抽气充氮保鲜技术

抽气充氮保鲜技术，是把装有茶叶的容器内部的空气抽出后，再灌入氮气保存茶叶的一种方法。因为氮气是惰性气体，能抑制微生物活动，达到防霉保鲜的目的，这种方法效果好。实际生活中，有的只能抽出空气，使容器内保持真空；也有的抽出空气后充入氮气，两种方法都可应用。

（四）低温冷藏保鲜技术

低温冷藏保鲜技术是指利用降低贮存环境的温度，降低茶叶内化学成分发生氧化反应的速度，进而减缓茶叶陈化劣变的一种保鲜方法。目前低温冷藏以冷库为主，茶叶企业、商店都可应用。一般在5℃以下贮藏，8～12个月茶叶品质基本不变；在-10℃以下贮藏，两三年内茶叶品质基本不变。不过冷藏贮存时库房空气相对湿度必须控制在60%以下，效果才好。另外，茶叶的导热性差，库房内茶叶需分层堆放，每件茶叶之间应留有空隙，使冷气在室内得以循环，以便茶叶快速、均匀降温。茶叶出库后，宜结合脱氧、抽气充氮的方法保存，效果更好。

（五）生石灰贮存保鲜技术

生石灰贮藏茶叶是龙井茶区传统贮存茶叶的方法。以前采用陶瓷罐，先将块状的生石灰置于布袋内，扎紧袋口，放置于陶瓷罐底部，然后用毛边纸把茶叶按每500克一包包好，放置在罐内，罐口用盖子盖实。每年在梅雨季节之后，生石灰化成粉状时，更换一次生石灰。这种方法可以保持茶叶品质一年内基本不变。目前，这种贮存法在龙井茶区仍在应用，不过有的将容器改成了铁皮筒（箱），效果基本相同。

三、家庭常用茶叶贮存方法

上述介绍的是茶叶长期固定、不流动时的贮存法，适合收藏者。而家庭式茶叶贮存法，尤其是用于品鉴、待客的茶叶贮存方法，相较于收藏者使用的贮存方法，更容易操作，实用性更强。

（一）塑料袋、铝箔袋贮存

用这两种材料的包装袋贮存时，要选有封口且为食品专用的包装袋，材料要厚实，密度要高，切忌使用有味道或者二次制成的包装袋。装入茶叶后，应先将包装袋中的空气完全挤出，再用第二个包装袋反向套牢，最后，将包装好的茶叶放置于冰箱内。冲泡时，一定要用专业的工具取出，并密封好，或者在包装时就分袋包装，冲泡时取一小包即可。这样既可避免太阳照射，又可隔绝空气，可有效延缓茶叶品质劣变的发生，非常适合一般家庭使用。

需要注意的是，茶叶贮存不超过6个月时，使用冷藏法即可，温度保持在0～5℃为宜；若贮存超过6个月，则应使用冷冻法，温度以-18～-10℃为佳。茶叶最好不与其他食物同时贮存，以免影响茶叶的味道。

（二）金属罐贮存

金属罐的材料有很多，例如铁、不锈钢或锡。其中，以锡罐最著名。上古时期，普通民众还以陶制品贮存茶叶时，贵族阶层就开始用锡罐贮茶，可见锡罐贮茶由来已久。

民间有"即使茶叶是潮的，放在锡茶叶罐内，都会干燥有茶香"的说法。经科学检测发现，锡的质地柔软坚韧，延展性好，密合度高，性喜凉，无毒无害无味。它的保鲜期比其他任何茶叶贮存器皿的保鲜期都长，由它贮存的茶叶不仅不变色、不变味，喝起来反而还更有韵味。通常，名贵的绿茶用锡罐贮存最好。

对于新买的金属罐，或者先前存放过其他物品的金属罐，一定要先用少许茶末置于罐内，盖上盖子，上下左右摇晃、轻擦罐壁后倒掉，以除异味。目前，市售有两层盖子的不锈钢茶罐，简单方便实用，颇受欢迎。使用时，应先用清洁无味的塑料袋包装好茶叶，再置入罐内，盖上盖子，最后用胶带粘住封口，以防茶叶劣变。另外，所有金属罐都应放置在干燥阴凉之处，避免阳光直射，避免受潮和异味引起的茶叶劣变。尤其是铁罐，很容易生锈。

此外，根据茶叶品种的不同，贮存器皿也有多种选择。例如，陶罐经高温烧制，不添加任何化学物质，透气性佳，恒温性好，特别适合贮存老青茶和普洱茶；木罐适合贮存一般绿茶，但是罐中一定要放一层锡箔纸，否则易受潮；玻璃罐适合茶叶短期贮存，一般在茶馆或者商店很常见，适合消费者识别茶叶的品类；竹罐适合贮存中低档茶叶，其密合性较差，且易受气候影响。特别是北方气候干燥，不宜采用竹罐存茶。

☕ 第十二讲　茶艺审美

第一节　茶席设计

茶席设计既是一种物质创造，也是一种艺术创造；既是一种体力劳动，也是一种智力劳动。因此，技巧的掌握和运用显得非常重要。

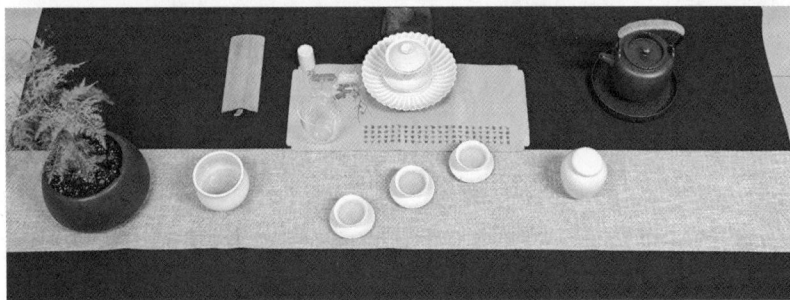

茶席设计的基本技巧表现在三个方面。

一、获得灵感

灵感是一种综合的心理现象。它表现为在偶然状态下，突然得到的一种意外启迪或心理收获。它使原先模糊和不明了的心理感受一下子变得清晰起来，从而获得某种行为方式的依据和对未来行为的清晰认识。

灵感的获得，是在思维和行为的运动中产生的。因此，在茶席设计之前，应以积极的心态和方式主动出击，从生活的方方面面去促成灵感的获得。

（一）要善于从茶味体验中去获得灵感

茶席由人设计，茶人的典型行为就是饮茶。人们应尝试从茶味的体验中去寻找灵感。这种寻找方式是依靠联想和象征的手段来体味的。

茶的苦味会使人们联想到茶农种茶、采茶、制茶的辛苦，茶人奋斗的辛苦，中国茶叶发展的艰苦以及许多象征茶味之苦的内容；苦味之后是甘甜，人们同样可以联想到茶给生活和世界带来的种种美好；茶的深味，又会使人们联想到许多与茶有着同样意味的事物。总之，只要展开联想的翅膀，就一定会从茶味的体验中，获得茶席设计所需要的、有价值的、有意义的表现内容与方法。

（二）要善于从茶具选择中去发现灵感

茶具是茶席的主体。茶具的质地、形状、色彩等决定茶席的整体风格。因此，一旦从满意的茶具中捕捉到了灵感，从某种意义上说，意味着茶席设计已成功了一半。茶具的质地，往往表现一个时代的内容和地域文化。茶具的色彩，最能体现一种情感。茶具的造型，则体现一种性格。

选择茶具最有效的办法，就是从茶具市场去搜罗。

（三）要善于从生活百态中去捕捉灵感

生活永远是艺术创造的源泉。多姿多彩的生活中总有一种潮流在指引人们前行。潮流在生活中的表现可以是有形的，也可以是无形的。作为一位茶席设计爱好者，我们应积极投身于生活的潮流，特别是积极投身于茶文化的潮流，深刻把握茶文化的脉搏，加深对茶文化的认识和理解，从中捕捉茶席设计的灵感。在日常生活中，人们还可以通过与他人的交流来获得灵感。当然，这种灵感往往是在交流中无意间受到的启发。有时，这种启发还不一定与茶席设计有关，但这种启发会在记忆中储存起来，在另一适当的时空条件下，往往会迸发出灵感的火花，进而结出丰硕的果实。

（四）要善于从知识积累中去寻找灵感

1. 要从专业知识的积累中寻找灵感

专业的茶叶知识，能增进人们对茶的历史、种植、种类、产地和制作的了解；专业的茶叶冲泡知识，能加深人们对不同茶品的茶理、茶性的认识及对不同冲泡方法的掌握；专业的茶文化知识，能帮助人们对几千年来中国茶文化持续繁荣发展的动因有一个全面而深刻的认识，从而更加坚定不懈追求茶事业的信念。

2. 要学习和积累其他门类的知识

茶席设计涉及政治、历史、哲学、宗教、道德、文学、美学、工艺、表演、音乐、服饰、摄影、语言、礼仪、绘画等知识。实践证明，一些艺术水平和思想水平都比较高的茶席设计作品，设计者往往具有较高的文化修养和艺术素养。

此外，还要善于借鉴他人的茶席设计作品，从中寻找灵感。他人的优秀作品，往往是学习借鉴的最佳范本。

二、巧妙构思

一般来说，构思是指艺术家在孕育作品的过程中所进行的思维活动。构思的过程，就是对选取的题材进行提炼、加工，对作品的主题进行酝酿、确定，对表达的内容进行布局，对表现的形式和方法进行探索的过程。茶席设计的构思过程同样如此。

茶席设计的构思，要在"巧"和"妙"上下功夫。"巧"是指奇巧，"妙"是指妙极。欲达成巧妙的构思，需在以下四个方面下功夫：

（一）创新——茶席设计的生命

一件艺术品有无生命力，关键在于它是否体现了创新精神。否则，作品完成之时，就是消亡之时。

1. 茶席的内容要创新

创新首先体现在它的内容上。题材是内容的基础，题材不新颖，就不吸引人；事件是内容的线索，若事件寡淡，也抓不住观众。新闻记者的采访聚焦于不平凡人的平凡事，平凡人的不平凡事，这才是新闻。内容新颖，主要是指要有新思想。即便是老题材，若立意新、思想新，同样鲜活无限。此外，设计新颖的配饰、新颖动听的音乐及新颖的其他茶席构成要素等，都是内容新颖的组成部分。

2. 茶席的形式创新

新颖的内容还要通过新的形式体现出来。形式是艺术的外在感觉载体。即使内容不新、形式新，也能取得较好的艺术效果。例如，同样是表现花的内容，可用花茶，也可用花景；可用花器，也可用花香；可用插花来点缀，也可用屏风来体现。

在表现手法上，一个新的角度，可使单一物态发生多种变化；一个新的结构，也可使整体形式发生质的变化。茶席设计正是基于不同的角度、结构，将万事万物融于其中，向人们展示一个新的世界、一种新的生活方式。

（二）内涵——茶席设计的灵魂

内涵是指一个概念所反映的事物的本质属性的总和。艺术作品的内涵包括作品本身所表现的内外部有形内容和超越作品之外的无形意义和作用。艺术作品的真正内涵既是一种质，也是一种量；既是有形的存在，也是无形的永恒。因此，从这个意义上说，茶席设计的内涵，就是它的灵魂。内涵具有两大属性：

1. 丰富性

内涵首先表现为具有丰富的内容。一件艺术作品，无论大小，人们都能感受到其一定的分量，也就是内容。内容的丰富性和广泛性是一件作品得以存在的具体体现。

艺术作品也属于文化范畴，知识性是衡量其标准之一。知识性越强，它的内涵就越丰富。但丰富的知识，并不是内容的简单叠加，而是通过作品自身的独特形式，将丰富的知识自然地融入其中。

2. 深刻性

一件作品是否有深度，主要取决于它所表达的思想内容。而思想的深度，不是靠说教，而是借助娴熟而老练的艺术手法，将无形的思想不显山、不露水地融入作品之中。肤浅的作品，就事论事，味同嚼蜡。茶席设计的思想应层层递进，如同剥笋一般，一层一种感受，一剥一种景致。这就要求人们在设计时，要把层层递进的思想融入其中，同时，又要把想象的空间留给观众。

（三）美感——茶席设计的价值

美是艺术的基本属性。美感是审美活动中人们对于美的主观反映、感受、欣赏和评价。作为以静态物象为主体的茶席设计，美感的体现尤为重要，它是茶席艺术的根本价值所在。

1. 茶席形式美的具体体现

美感的基本特征包括形象的直接性和可感性。在茶席设计中，首先表现为茶席的形式美。茶席的形式美具体表现在以下几个方面：

① 器物美。它是茶席形式美的第一特征，即茶席的具体形象美。器物的优良质地、别致造型、美好色彩等方面，是器物美的具体美感特征。

② 色彩美。它是茶席形式美的第一感觉，表现得最直接，也最强烈。色彩美的最高境界是和谐，最典型的特征是温和。温和常以淡色为基调，给人以宁静、平衡之感，强烈地体现着亲近、亲切与温柔。

③ 造型美。茶席的美感也表现为线条的变化，线条变化决定着器具形状的变化，由此带来造型的美感。

④ 铺垫美。它是茶席美感的基础，以大块的色彩衬托器物的色彩，是铺垫美的基本原则。

⑤ 背景美。它是建立茶席空间美的重要依托，起着调整审美角度和距离的作用。它的大块阻隔，还是审美的某种心理依靠。

⑥ 结构美。因茶席设计还需要动态演示，因此，茶席的形式美还包括动作美、服饰美、音乐美及语言美等诸多内容。

此外，茶席的形式美还体现在茶席的每一个基本构成要素中，具体表现为：

① 茶汤的美感具有多重性，既表现一定的茶汤色彩，又与茶碗共同组成重色。

② 插花的形态美与色彩美并重。花型、花器的小巧、高雅、别致与花、叶色彩的醒目，是茶席插花追求的目标。

③ 焚香的气味美是茶席重要的美感体现，高于香料、香气的色彩美和造型美。焚香的气味美，丰富了茶席物态美的内容，烘托出茶席有别于一般物态美的独特美感。

④ 挂画的美感更多地表现出观赏者心理上对美的体验，显示观赏者自身的美感走向。

⑤ 与茶席相关的工艺品，本身就具有相对独立的美感。它的机动性、可移动性，对

茶席的结构美起着一定的平衡作用。

⑥ 茶点茶果，具有色彩、造型、味感、心理的综合美。其中，味感是第一位的。其次是心理上的感受。

2. 茶席情感美的具体体现

茶席的情感美，主要体现在真、善、美的情感内容。

①真：茶席内容所体现的纯真、率真、真实的感受和茶席形式所表现出的真诚及人格魅力。

②善：茶席内容所体现的某种道德因素。但凡体现以人为本、人文关怀及人性关怀的内容，都是善的具体体现。

③美：在情感美的特征中，表现为一种心灵的触动和感化，是情感美中最动人的一面，也是情感美中保留得最长久的一种感觉。

总之，茶席之美，既要符合自然规律，又要适应人们的欣赏习惯，力求在有限的空间内实现最大程度的美感创造。

（四）个性——茶席设计的精髓

个性是指一种事物区别于其他事物的特殊性质。从心理学角度来说，个人稳定的心理特征，如性格、兴趣、爱好等的总和，即为一个人区别于另一个人的个性。但艺术却有所不同，但凡构成物态艺术的成分，只要有一种可原质原型复制，就有可能在一定程度上使其个性得以丧失。而茶席的物态成分几乎可以全部原质原型复制，例如可重复生产的茶具、花器、香器、铺垫、工艺品、屏风、食品，甚至包括茶本身。这些特性要求人们的设计对它们在同质同型的基础上，进行不同的合成再造，使之具有不同于其他再造的特殊性质，这就是茶席艺术的个性。

1. 个性特征的外部形式

欲使茶席拥有鲜明的个性特征，首先应在其外部形式上下功夫。例如，茶的品质、形态、香气，茶具的质感、色彩、造型，茶具组合的单件数量、大小比例、摆置距离、摆置位置；铺垫的质地、大小、色彩、形状、花纹图案等。只要属于人们可直接感知的，都属于茶席的外部形式，因此，人们可在茶席设计的各个方面寻找、选择与其他设计的不同之处。例如，同是煮水器，人们通常选用不锈钢的"随手泡"和陶质紫砂炉，此时，若选用一款乡村原质的泥炉，立刻显得与众不同。又如，在结构上，人们多采用中心结构式，此时，若以反传统的方式出现，也会给人以不一样的感觉。

2. 个性特征的角度选择

茶席艺术的个性创造，还应精心选择表现角度。角度的选择如同摄像，角度选择得当，可反映人物最精彩的精神风貌。例如，表现茶文化代代传承的主题，人们往往从人物的角度加以体现，或将神农、陆羽、吴觉农、少儿茶人等作为线索，而《薪火相传》的作者，却从茶具的角度，以古意炉、壶和现代杯盏作形似反差、实为相联的处理，就显得角度与众不同。

3. 个性特征的思想内容

思想反映一定的深度，立意表现一定的创新。这是最能体现茶席设计者功底之处。例如，采用相同器物、相似结构设计的茶席，由于思想提炼深浅不同，立意形成内容不同，最终导致个性塑造呈现出本质上的差异。又如，若《薪火相传》以新与旧、大与小、过去与现在等元素进行比较设计，虽有一定的创意，但显然缺乏思想上的深度，若以茶的精神代代相传为立意，瞬间便使茶席具有了更深层次的思想内容，不仅立意新颖，而且让人们获得了更为广阔的想象与思考空间。显然，其艺术个性得到了更充分的发挥，艺术价值也随之上升。

三、成功命题

茶席的成功命题，包括对主题高度、鲜明的概括。它通过言简意赅的文字表达向人们传递艺术作品的主题思想，并让人们获得由感知或感悟带来的快乐与满足。

（一）主题概括鲜明

主题是内容的思想结晶。主题并非命题，但命题必须反映主题。一个完整的主题，必须具有概括性、鲜明性和准确性。

1. 概括性

概括性是指对内容的合理涵盖范围。凡不能涵盖的内容，或涵盖不到的内容，就需对主题或内容进行调整。

2. 鲜明性

鲜明性是指反映内容的明确程度。判断主题的鲜明程度，可采取换位审视的方式，即站在他人的角度对自己的作品进行评价。有的设计者自己口若悬河、侃侃而谈，而他人却一头雾水、茫然失措。可见，主题鲜明的要求就是直接、明了，不绕弯，不设迷障。

3. 准确性

准确性是指反映内容的目标程度。内容表现的对象和主题提炼的对象是一致的。准确性还包含了正确性的因素，即不能把错误的观点当作正确的观点来表现。

（二）文字精练简洁

精练文字如同冶炼金属，废料、残渣都将燃尽，最后剩下的才是精华。相较于其他艺术作品的命题，茶席设计的命题并无特别之处，它们有着相同的命题规律，都遵循精练、简洁的原则。要做到命题的精练、简洁，可从以下三个方面着手：

①用集中的词语去浓缩文字。即对一句相对反映主题的语句反复进行修改，最终提炼出既精练简洁，又准确概括，同时又意味深长的文字。

②用集中的感觉去浓缩文字。若不能从已有的词语中获得较满意的命题，还可转变思路从集中的感觉去寻找。集中的感觉是指从多个维度去感受茶席整体的物象，然后将各种

感觉以文字形式加以表述，再将这些表述集中起来进行筛选、剔除，最后确定满意的命题。

③用集中的思想去浓缩文字。集中的思想是指对形成主题的思想作同义词语的设定，其过程与前两种方式一样。

一般来说，命题形成的过程，关键在于对主题进行同义词语的设定，设定得越多，选择的余地就越大。反复设定的过程，也是对文字表达功底的训练，可谓一举两得。

（三）立意表达含蓄

含蓄是指用委婉、隐约的话语将真实意思表达出来。含蓄就是留有余地，给人留下想象的空间。含蓄的表现手法，可归结为三大类：

1. 半意表达

半意表达是指不作完全意思的表达，而是表达一部分，保留一部分。半意表达是含蓄表达的常用手法。例如，茶席设计《雨前》的命题，稍有茶知识储备的人一看就会联想到雨前茶。但只用"雨前"二字，可能还会令人联想到雨前采茶的人或其他内容，这就给人们留下了无尽的想象空间。

半意表达并不等于文字的减少，一个字可作半意，多个字也可作半意。例如，《外婆的上海滩》6个字，但仍然是半意表达，因为它并未描述《外婆的上海滩》的具体模样。而在茶席设计中，人们看到了20世纪30年代上海滩熟悉的白瓷小茶盅及老式手摇唱机等物件。当时的背景画片呈现的是富家小姐留着旧时的时髦发型，捧杯品茗，一派悠闲惬意的样子。整个画面突出表现了外婆当年在上海滩的日常生活场景。可见，半意表达会带给人们更多的回忆和想象。

2. 象征表达

象征表达是指通过某一特定的具体形象，表现与立意相似或相近的概念、思想或感情。象征手法是所有艺术门类最基本的表现手法。它通过对B或C或D的具体描写或刻画，将A的具体特征，特别是欲表达又不便直接表达的思想感情，尽可能在相似对象上作酣畅淋漓的表现。采用象征手法，不仅是作者的一种心理释放，而且通过艺术的传递，也能使欣赏者获得某种心理上的释放。

3. 反意表达

反意表达是指从意思相反的一面进行概念、思想或感情的表达。明明说白，却偏偏说黑；明明说大，却反而言小。反意表达并不表示不能或不便于作正面表达，而是故意通过反面表达，使其正面的立意或思想表达得更加强烈或鲜明。反意表达体现了表达方式的一种诡秘与智慧，且反意表达越强烈，正面表达的内容就越鲜明。

（四）想象富有诗意

想象是指在原有感性形象的基础上，创造出新形象的心理过程。而诗意是指诗的意味和诗的意境。

1. 诗意的想象

诗意的想象具有以下特征:

① 大胆:是指没有惧怕感,敢思敢想、敢写敢吟。例如,"雷电呵,你劈得狠些!再狠些!让这黑的夜就这么燃烧……"

② 夸张:是指将感性的对象作不同程度的放大描写。例如,"飞流直下三千尺,疑是银河落九天。"

③ 奇特:是指对事物作违反常态的合理设定。例如,"山西的镯,找到云南的佩,原是同胞的妹。"

④ 美妙:是指一种极端美丽的审美感觉。例如,"一夜西川雪,白了岚山头。"

以往的茶席设计作品,也有许多富有诗意的命题,例如:《七月骑火》很大胆,《饮海》很夸张,《人迷草木中》很奇特,《背春》很美妙。

2. 诗意的语言

具有以下几种方式:

① 以第二人称叙述:就是将描写的对象进行拟人化,然后对其抒发情感。例如,《送爹》描写雨:"你是何时知道爹已去?未进门,泪先洒,屋里屋外刷刷下!"表面在问"你",实际上在问自己,是自己内心的对象转移。

② 以情感语言叙述:就是不以旁观者的身份作冷静平实的客观描写,而是以事中人的身份富有情感色彩地表白。例如,"人,是不能去写诗的。人,经不起诗的探访。"

③ 以疑问语言叙述:就是用疑问句对描写对象进行正常的叙述。例如,描写茶艺师泡茶技艺高超,可以说:"师从哪位大师,学得如此好手艺?"

3. 诗意的情感体现

无论作何种想象、运用何种语言,欲使命题富有诗意,设计者一定要投入情感。诗的最基本形式和手段就是以情动人。要把情感体现在诗意中,就是要体现一种人情关怀、人性关怀和一种真正能打动人心的情感。

① 人情关怀:即以真诚、真挚的感情去看待事物、关心事物,热爱生活、反映生活。例如,茶席设计《想念》《家和》《醉江南》《情满竹楼》等。

② 人性关怀:即以真实、平等的感情去看待、关心并反映人的本质需求和人与人、人与社会的关系。例如,茶席设计《女儿茶》《伴侣》《无猜》等。

③ 动人心怀:即以诗的情感语言,抵达人的心灵深处并使之深受感动。例如,茶席设计《扣茶》《一味禅师》等。

第二节　茶艺与插花

一、插花概述

插花就是剪取植物的枝、干、叶、花、果实等部分，经过艺术构思（立意、造型、配色）和适当的技术处理（修剪、弯曲、固定、保鲜）后，插入瓶、盆、篮、碗、缸、竹筒等器皿中（或配置其他道具），摆放于桌、柜、几案或悬挂起来，成为造型优美、富有生气的环境装饰艺术品。

插花看似简单，但要真正插成一件好作品却并非易事。因为它既不是单纯的花材组合，也不是简单的造型，而是要求以形传神、形神兼备，以情动人、情景交融，是融生物、知识、艺术为一体的一种艺术创作活动。因此，国内外插花界认为，插花是用心创作花形、用花形表达心态的一门造型艺术。明代袁宏道在《瓶史》中认为："此虽小道，实艺术之一种，有学问在焉。"

世界插花可分为以中国和日本为代表的东方式插花和以传统欧美插花为代表的西方式插花两大流派。东西方插花各有特色：东方插花中的中国插花最重视意境，认为意境是作品的灵魂，然后是色彩，不太拘泥于形式；而日本插花却非常重视形式的规范化，意境次之，色彩再次之；西方插花最注重群体的色彩美，形式次之，意境再次之。茶艺插花配合茶趣系东方文化的产物，其插花属于东方自然风格的小品插花，多用鲜花进行插作，并摆放在茶桌上供人欣赏。为了体现茶的生活性，也可用蔬菜、水果配合插花。

二、茶艺插花

（一）茶艺插花的形成与发展

茶艺插花形成于明代弘治至万历年间（1488—1595年），当时的文人在插花审美情趣上独具特色，流行品茗赏花，进而形成与茶艺相结合的插花艺术形式，简称"茶花"。

事实上，中式品茶赏花由来已久，文人雅士多作诗应对。例如，诗僧皎然与茶圣陆羽饮茶时作诗："九日山僧院，东篱菊也黄，俗人多泛酒，谁解助茶香。"可见，当时就有赏菊品茶的风俗。明代的茶艺插花，比书斋雅室插花更为自然简朴。书斋雅室插花源于当时文人们盛行收集和鉴赏青铜器和陶瓷器皿，然后将收藏的器物与自然花草相结合，用于插花装饰，并且很快与当时盛行的茶艺相映成趣，一时风头无两。代表人物袁宏道，他在《瓶史》中提倡"茗赏"并认为："茗赏者上也，谈赏者次也，酒赏者下也。"他主张品茶的同时欣赏插花，花与茶相得益彰，表明了花与茶的深刻关联性，提升了插花的欣赏档次。袁宏道之后，明代的张谦德、高濂、屠隆、文震亨、屠本畯乃至清代的乾隆皇帝及文人们均擅长沏茶，书斋茶室无不插花。在日本，茶艺插花的始祖首推茶道宗师千利休，他在茶室里只插一轮向日葵或在花笼上画几枝竹花，简洁清逸的风格与茶趣十分吻合。其后的元伯宗旦与他一脉相承，插花形神兼备，极为精练简朴，正式确立了"茶花"的地位与价值。

（二）茶艺插花的内涵与特点

精通琴、棋、书、画被视为中国文人的象征，到了唐宋时期，插花、挂画、点茶、焚香，也成为有教养的人应当具备的四项基本修养，这些活动的本质是通过物化的形式体悟生活的情趣，从而达到修身养性、颐养天年的哲学思想。茶性简朴，能爽神醒思；而插花正如品茶一般，通过表面的形与色体会花的真味，受到美的熏陶。茶艺与插花相结合，可使人心灵净化，精神满足，追求至真、至善、至美。

茶艺插花的精神内涵是表达纯真的"情"，借花抒发感情，寄情至深。陆游《岁暮书怀》："床头酒瓮寒难热，瓶里梅花夜更香"和杨万里《瓶中梅花》："胆样银瓶玉样梅，北枝折得未全开。为怜落寞空山里，唤入诗人几案来。"等诗句，表现了诗人以花为友、以花为伴的心情，还常以花材影射人格，借花喻人。松、柏、竹、梅、兰、桂、山茶、水仙、菊、莲等寓意深刻的花材，格调高雅，意境深远。周敦颐在《爱莲说》中以"菊，花之隐逸者也；牡丹，花之富贵者也；莲，花之君子者也。"表达人生理想和抱负。

茶艺插花的艺术特点是追求清远的"趣"，以简洁清新、色调淡雅、疏枝散点、格调朴实的"文人花"为主，构图上汲取绘画与书法上抑扬顿挫的运笔手法，取用点线变化的花木，凸显虚灵之美，崇尚清疏俊秀，追求超凡脱俗的妙境与孤寂之美。

（三）茶艺插花的花材

茶艺插花旨在配合雅室、追求茶趣，在花材和花器的形色上，以简朴清寂、纯真而不矫饰为要求。自然界丰富的花草，大多数都可用作插花。花材的基本要求：生长健壮，无病虫害；剪下后能水养持久，不易萎蔫；无毒、无异味，不污染环境和衣物；具有一定观赏价值。

花材的分类，根据观赏性可分为观花、观叶、观枝、观果四类。

一是观花类，花朵应具有一定的欣赏价值。例如，兰花幽香扑鼻，花色淡雅，花形奇特，细叶舒展飘逸；月季、菊花、杜鹃、梅花、海棠和山茶花等各具特色，都为人们熟悉和喜爱，是插花的主要材料。此外，茉莉花、栀子花、桂花、水仙花、含笑、白兰花等均带有香甜气味，也是上等的插花花材。

二是观叶类，叶片应形态各异，苍翠碧绿。例如，万年青、一叶兰、文竹、玉簪、蕨类、鸢尾叶、兰叶、真香木、水葱等。插花中的花、叶应相得益彰。还有一些观叶植物，如枫、银杏、竹芋、朱蕉等，本身具有鲜艳的色彩和特殊形态，只需搭配少量花朵，甚至单枝插花，就能舒人眼目。

三是观枝类，例如青松、翠柏、红瑞木、竹枝、紫藤、猕猴桃、垂柳、云龙柳等枝茎或线条流畅或曲折变化，韵味无穷。有了好的枝条造型，插花作品就有了如意的骨架和伸展的余地，并留给人们无限的遐想和回味。

四是观果类，用累累果实的花材插花，给人以丰盈昌硕的美感。例如，绿叶挺秀、红果累累的南天竹，富有野趣的火棘、野生猕猴桃、板栗、海棠果、野柿子、巴西茄、佛手、金丝桃（红豆）、灯台花、乳茄（五代同堂果）等，都是观果佳品。

此外，还有芽供观赏的银芽柳，根供观赏的狼尾山草及富有特色的枯枝、枯木块等，都可用于插花。

常用花材无须太多，一件小巧精致的茶艺插花，花材常用1种，多则2~3种，应注重花品花性，以色彩淡雅、枝叶花形富有特色为佳。反映季节的四季花材有：

春季：春暖花开时，有似空谷佳人的兰花，文雅的海棠、樱花和梨花，枝叶如虹的迎春花、黄素馨和棣棠，似盏盏金灯垂挂的瑞香，绚烂的杜鹃，芳菲的桃花，浅紫的丁香，芳香艳丽的蔷薇，花似龙口的金鱼草，洁白香浓的橘花，静雅的百合，国色天香的牡丹，等等。

夏季：有初夏的芍药，盛夏的石榴，洁白清香的茉莉和栀子花，金黄色的萱草、紫色的鸭跖草和麦冬等。水生植物最能反映夏日风情，例如慈姑、菖蒲、燕子花、萍蓬草、水葱、菱花、莲、伞草、水蜡烛、水葫芦，等等。

秋季：菊黄蟹肥、丹桂飘香、枫叶芦花金风送爽，挂满果实的植物更显丰收与满足。例如，枸杞子、蓖麻、石榴、冬青、橘子，等等。

冬季：疏影横斜的梅花，雪中盛开的山茶，超凡脱俗的水仙，临寒怒放的小菊，还有青松翠柏，红果绿叶的朱砂根、金银茄、金豆、金橘，等等。

花材搭配应讲究花木品性和习性相近，花材组合应彰显雅趣，色彩与质感相协调；以一种为主，有主次之分。古人有许多意境优美、文化气息浓郁的花材组合方案，值得今人学习参考。例如，松、竹、梅为"岁寒三友"；梅、兰、竹、菊为"四君子"；梅与兰、瑞香合称"寒香三友"；迎春花、蜡梅、水仙、山茶为"雪中四友"；梅、水仙为"双清"；梅、菊花或梅、山茶为"岁寒二友"，等等。

对花香的品评：国香兰、暗香梅、冷香菊、雪香竹、清香莲、艳香茉莉和寒香水仙等，可见，人们除了追求视觉美，还追求嗅觉的享受。

插花应重视花材的选购和采集。目前，鲜花市场上目之所及多为西洋花材，很少有传统木本花材。购买时，人们应尽可能挑选线条优美的传统木本花材，如松枝、翠柏、云龙柳、银柳、真香木、金丝桃、小玫瑰等；草本花卉可选择色彩淡雅而花型小巧者，如铁炮百合、小菊、洋桔梗、多花康乃馨、白色石斛兰、小苍兰、澳洲蜡梅、鸢尾、马蹄莲、蓟花、紫色勿忘我、紫水晶、情人草等。搭配的草本绿叶应选择精细有型者，如高山蕨、肾蕨、伞草、春兰叶、麦冬、水葱、山草、绣球松等。花朵以花蕾或露色的花苞为佳；花枝应粗壮挺立，基部切口白净光滑；叶材应光亮清洁，不枯萎皱缩，不落叶，无病虫害；果实应颗粒饱满，色泽纯正，不易脱落，无虫咬病斑。

茶艺插花用花不多，也可从野外或庭院中适当采集一些。采集时间最好在早晨或傍晚，若只能在中午前后采集，采后应立即移至阴凉处，基部浸水，并用湿报纸包裹，到家后充分浸水1～2小时方可使用。某些野花或春兰，肉质根粗壮，可连根挖起，根系既可欣赏，也可延长花的寿命；水葫芦等水生植物也不应轻易摘除根部，以免枯萎。

（四）茶艺插花的器具

茶艺插花的容器选择很重要，在东方式插花中，花器是插花的主要依托和装饰。古人对插花的要求是一景（花）、二盆（器）、三几架，讲究三位一体的完美搭配。传统花器是以陶瓷为主，亦有青铜器、木器、竹器等材料制成的。花器的造型比较严谨，做工精良。茶艺插花旨在迎合茶趣，清心悦神，花器以选素雅精致或朴实自然者为佳，质地"贵铜瓦，贱金银"，以陶、瓷、铜、竹、木、瓦、石以及竹、柳、藤、草编篮筐等造型简约、纹饰少而精者为佳。古人咏古瓶蜡梅诗："石冷铜腥苦未清，瓦壶温水照轻明。土花晕碧龙纹涩，烛泪痕疏雁字横。"意为生铜绿的铜器、长苔藓的石器以及花纹斑驳似烛泪的土罐瓦壶，更显古拙幽深、耐人寻味。为了体现茶与生活的相通相融，还可用紫砂茶壶、葫芦、小水桶、茶杯、碗等作花器，激发品茶赏花的乐趣。

茶艺插花作品多为静坐品茗时欣赏，茶桌大小也有限，故花器以小巧可爱、有亲近感、能以双手抚摸把玩者为佳。花器可用手掌进行度量，瓶之最高或盘之最宽距离为手之中指与拇指间的最大开度，约六寸半（21.45厘米）；其最低或最窄处距离为食指与拇指间的最大开度，约五寸（16.5厘米），即花器的高度或宽度在手指最大跨度范围内，上下略有变化。

花材与花器的搭配应注意色彩、形状和质地相协调。一般情况下，花器颜色深，花可插浅色；花器颜色浅，花可插深色，以此创造强烈的对比效果而引人注目。对于花器的形状，长颈通直的花瓶宜插弧线及线条变化丰富的花材，大肚小口的花瓶宜插单朵花和曲折线条的枝叶，凸显曲直对比有度。从花器的质地分析，精致典雅、庄重古老的花器应插格调高雅、气韵突出的花材；自然质朴的草木类花器，可搭配枯藤、芦苇、小花、小草等花材，呈现野趣横生的韵味。

插花的道具可以增加插花作品的艺术气氛，突出意境，烘托造型，所以在完成插花后再搭配一些陪衬物，可使作品更具感染力和情趣。这些陪衬物称为插花道具，包括几架、垫、配件等物件。

几架与垫皆为垫放插花作品的用具，二者多用于东方式插花，其作用是烘托插花作品、完善构图，使整个作品更为协调统一。几架的形状多种多样，有书卷形、圆形、长方形、方形、椭圆形、六角形、树根形等。茶艺插花常用的垫有蜡染花布、麻布、草垫、芦秆垫、竹垫、艺术木板等。选用几架或垫的大小、形状应与插花作品互相配合，才能发挥陪衬作用。

配件是插花作品的陪衬、点缀物。茶艺插花的配件可以是茶具用品，也可以是时令蔬菜水果、干果食品以及小巧的工艺品等。例如，夏季的水生植物插花，在几架一侧配放几个荸荠或菱角，更能体现夏日情趣；秋季插花配置豆荚、花生、小橘等，秋之韵味更加浓郁；其他一些配合茶趣的小物件，例如精致的青蛙，"富足"的胖猪，"知足常乐"的一对小足等，都可用作夏季或冬季的插花配件，用以突出主题、烘托气氛、加深意境。

几架、垫、配件不是插花作品的必需品，使用时应与插花作品的主题、造型、色彩相呼应协调，点缀应恰到好处，否则会破坏作品的主题和意境，甚至发挥喧宾夺主、画蛇添足的反作用。描花的必备工具有剪刀、容器、剑山（固定花枝）三种。经常插花者除了上述基本用具外，最好还有以下用具：细嘴水壶（加水）、喷雾器（保湿）、水桶（养花）、脸盆（水中剪枝）、刀子（切花枝）、订书机（叶片造型），等等。

插花的辅助用品有绿铁丝、绿胶带、小卵石等。绿铁丝的作用是加工花枝；绿胶带的作用是聚集细枝；小卵石可掩饰剑山，并营造泉清见底的效果。

（五）茶艺插花的设计与造型

茶艺插花的设计构思有两种：一是"意在笔先"，即构思先于创作，根据设想，组织材料进行插花创作；二是"意随景出"，即因材设计，在创作过程中完成立意。"茶花"设计可通过以下思路进行创作：

1. 根据植物的品性、形状构思立意

古往今来，人们常根据植物自身的习性、特征，赋予人格化的品质、性格，以表达人们的情感和意趣，这是中国传统插花的精华所在。如"四君子"凸显了梅之傲雪凌霜与刚劲坚韧、兰之高洁自如与幽香清远、竹之高风亮节和菊之独立寒秋，实现了品性坚贞的花性与人性相融合的精妙组合，从而达到寓情于物、托物言志的目的。"岁寒三友"由青松、翠竹、红梅构成，含蓄地讴歌了对人生的态度——刚正不阿、洁身自好。梅和菊或梅和山茶组合被喻为"岁寒二友"；莲"出淤泥而不染"，洁净清丽，被人们视为品德高尚、清净无为的象征。这些寓意和象征，已深深地烙印在人们脑海里，以此进行插花创作，常常会引起欣赏者强烈的思想共鸣，产生意想不到的艺术效果。

2. 根据植物的谐音和花语构思立意

受中国传统文化艺术的影响，不少植物被赋予了特定意义的谐音和花语广泛流传了下来，如"桂"与"贵"，"菊"与"鞠"，"牡丹"与"富贵"，"竹"与"平安"，"苹果"与"福"，"石榴"与"禄"，"桃"与"寿"等。为此，人们在进行插花艺术创作时，可依据花材的谐音或花语进行构思创作，例如将玉兰、海棠、牡丹搭配表示"玉堂富贵"；牡丹和竹子搭配表示"富贵平安"；苹果、石榴、桃搭配表示"福禄高寿"；万年青、柿子、灵芝搭配表示"万事顺利"；佛手、如意搭配表示"福寿如意"；铁炮百合搭配表示"皆大欢喜、百事和顺"，等等。

3. 根据植物造型特点、名称或别名构思立意

即根据植物的自然形状巧妙构思，例如，"云龙柳弯曲自如"，似雨水顺流而下的感

觉，与小果同插，作品可取名为"木落天雨霜"，有秋雨阵阵、寒意渐浓之感；或用掌状观音棕竹的叶搭配插作白色飞燕草取名"孔雀开屏"。还可直接以植物命名，也别有一番情趣。例如，海菜插花"棠风暖风池"；水生植物蘘荷插花"蘘荷夜有霜"；还有"荒林垂栎""荻花两岸横孤篷"等。可见，熟悉植物的形态特征、名称、别名，也能透过直观掠见人的巧妙构思。

4. 根据植物的季节变化构思立意

一年四季由于气候条件不同，植物的季相景观也在不断变化，如桃李报春、荷清蝉鸣、秋桂飘香等。因此，设计者可根据四季景观的变化，充分利用应时花材进行创作。例如，用新芽初发、枝形曲折舞动的笑靥花搭配一枝含苞待放的红山茶插在圆形冰裂纹花瓶中，上下和谐，颇有"得意舞春风"之意；夏季水生植物五节芒、荷花、水葫芦依次而插，组合成景，颇有"本无尘土气"之美；秋季野猕猴桃挂果累累，搭配细小淡紫的花魁草插在竹筒里放入竹篮中，花草倚篮而靠"愿分秋色到篱边"，极富野趣与浪漫气息；岁朝清供的水仙单插于紫砂壶中，名曰"凌寒透薄妆"，短小简约，足供玩赏。

5. 根据自然风光和地方特色构思立意

我国地大物博、人口众多，各地自然景致、人文景观各具特色，若善加利用，也是形成动人意境的有效方式。小型的具有热带特色的植物如袖珍椰子、花叶芋、椒草、洋兰等搭配插花能表现"南国风光""岭南佳趣"等意境；北方盛产的高粱、小米等花材可表现"塞外风情""金秋"等意境；水生植物可表现水景，如"岸莎青靡"；油菜花、萝卜花等花材可表现"野圃余妍""春蔬满畦"等意境；清清溪流边春草蔚然，海棠含苞，好一幅"池塘春暖水纹开"写景图。这些都是就地取材的插花表现，可使美好的景致在人们的记忆里得以再现。

6. 根据插花色彩构思立意

插花作品以植物材料的色彩作为表达主题的主要因素。例如，水盘中斜插几枝白色梨花，素影清丽，犹如"临风千点雪"；飞燕草叶细枝柔、苞白花紫，高低错落地插作于紫砂方瓶中，恰似"紫翼翻灵光"，风姿绰约，犹如汉宫飞燕的翩翩舞姿、丽影灵动。另外，金苞花的"翠涌金波"、白山茶的"琼花玉蕊"、海棠花的"锦裳红濯雨"、小康乃馨的"地面芬敷数点红"、刺茄的"故作东风冶艳妆"等都是常见的色彩立意。

7. 根据插花造型构思立意

即根据插花构图造型上的象征性，结合植物所营造的意境来表达主题。如圆形构图的"花好月圆"，茶壶形构图的"壶中乾坤"，月形构图的"新月如钩"，船形构图的"与谁同舟"等。白梅、山茶倚斜而插，有向阳之动势，名为"向阳春"。作品"疏荫偃盖清"，以小白菊和黑松插于景泰蓝的花瓶中，显示高雅端庄之感，黑松水平伸展，在绿色的华盖下，光影闪动，作品简朴高洁，出色地表达了意境要求的艺术效果。丰富的书法用笔，为插花创意提供了无尽的灵感和源泉，真、行、草、篆、隶、象形以及文字意象美，都可通过花材来表现。例如，笔画龙飞凤舞、耐人寻味的草书，可通过蜿蜒曲折、粗细变化的山藤来表现，再加上点睛之笔的花叶，"拈花微笑，静中品茶"的清幽意境扑面而来。

8. 根据花器和配件构思立意

在插花创作中，可根据现有的器皿合理插作，也会别出心裁地体现巧妙立意。例如，青绿色瓷罐插几枝梨花和金鱼草，颇有"翠堤春晓"之意。横放的白瓷葫芦花器像水中的行舟，插上秋草、红果，颇有"泽国烟波别有天"之韵。草木类花器和花草可谓同宗同源，一枝兰花插于竹编小篮，似乎"清香度竹来"，实在妙不可言。细竹管组合成小篮，蔓性花草似沿竹篱攀缘而插，这样一幅"篱前仙卉"着实给书斋平添了无数生机。小小竹水桶、葫芦等都是充满生活情趣的花器，正好与饮茶人的生活情趣相吻合，特别有亲近感。

插花作品可配置装饰小品立意，如"知足常乐""富足""听取蛙声一片"等。作品"晚蔬有余香"，即在一只竹编篮筐中插上芒草和福禄考，再加1~2根黄瓜、冬笋，在书卷几的一侧放置数枚扁豆、野蔬配以秋卉，引至茶室自娱，山林韵事，一派赏心悦目！

9. 根据诗词名句及其意境构思立意

中国诗词曲赋，博大精深，意蕴深邃。其中极富画意者，可作插花创作的意境表现。例如，"霜叶红于二月花""春色满园关不住""夜深香满屋，疑是茶罢时"等。作品"疏影横斜"，即利用宋代诗人林逋在《山园小梅》中"疏影横斜水清浅，暗香浮动月黄昏"的意境创作而成。该作品选一横斜疏瘦、老枝怪奇的绿萼梅插于紫砂陶瓶中，枝梗交错，花向互生，屈伸明朗，虚实相映，实得梅之神趣。

10. 根据花香构思立意

古人对花香有着绝妙的品评，也可作为插花意境的表现。例如，兰花素有"国香"之美誉，若在青铜壶中插一丛兰花，则"室有兰花不炷香"；有艳香之称的茉莉，单株插于小茶杯中，姿色朴素，但有"浓香梦中来"；"山寺晚来香"的菊花在秋日黄昏中散发出阵阵冷香；而雪白的梨花自有"粉淡香清自一家"的清香怡人。

茶艺插花的设计丰富多样，但一幅构思巧妙、命题得趣的作品，常能达到意境深邃、回味无穷的境地，给人以美的享受。

茶艺插花作品完成后，需妥善保养：一要科学放置。插花作品宜摆放在室内明亮处，空气凉爽湿润，距离观赏者一臂长为宜。摆放之后，注足水，雨水、泉水、井水最佳，自来水以隔日使用为佳。二要清洁保鲜。插花用的瓶、盆应刷洗干净，水应经常更换，以保持水质干净并有足够的氧气。换水时应注意清除已衰老的花、叶，摘除浸入水中的叶片，以防腐烂。茎基部若发滑，应用软布擦洗干净，同时将花材重新在水中剪切一小段，更新切口，促进吸水。三要控制水位。花瓶应保持适量的水位，要求水面和空气的接触面达到最大时的水位。花枝浸入水中的高度控制在10厘米左右，以防腐烂。四要了解保鲜常识。使用冷开水可防止微生物滋生，自来水加几滴洗洁精或水中加少许白醋可使水偏酸性等都有保鲜作用。

第三节　茶艺与音乐

一、茶艺背景音乐和创作音乐的区别

背景音乐是指作为背景的音乐，例如诗歌朗诵所配的音乐、电影的画外音等。背景音乐包括为表现某一主题而创作的音乐以及能为其所用的现成音乐。背景音乐具有两大特点：一是与一定环境中某种活动行为或场景的气氛相吻合，二是具有选择性。

创作音乐是指为某一活动或场景的主题专门创作的音乐。创作音乐具有两大特点：一是音乐的旋律和节奏直接为具体表现的情绪、内心情感、表演动作服务；二是不具有选择性。

二、茶艺背景音乐的选择原则

茶艺背景音乐的选择原则一是古朴、典雅，二是恬静、美妙、动听。特别应注意以下两点：

（一）茶艺背景音乐中曲与歌的把握

用乐器演奏的乐曲，虽不使用语言，但仍能表达某种意境、反映某种情感。歌曲是话语和乐曲相结合的产物，例如，人们歌唱"山"，歌词都是围绕山及人与山的情感关系等展开，若抽去歌词，仅剩下单纯的曲，则不同的人会有不同的理解和感受，这就是曲与歌的区别。茶席设计一般是通过抽象的物态语言来表达主题，因此，茶席设计一般选择较为抽象的乐曲作为背景音乐。选择歌曲作为背景音乐，往往只在下列特定情况下采用：一是茶席特别强调具体的时代特征；二是茶席特别强调具体的环境特征；三是茶席本身就是对歌曲内容的诠释。

（二）动态演示时对旋律与节奏的把握

旋律是音乐的主体，也是音乐情感的具体体现形式。激扬、宁静、畅快、深沉都是旋律，旋律是通过具体的音符变化来体现的。不同的旋律，表现不同的音乐形象。

旋律的表达又总是与节奏联系在一起，而节奏又由具体的每一节拍构成。节奏是音乐构成的基本要素之一，是指各种音响有规律的长短、强弱的交替组合。品茶历来要求在静雅的环境中进行，因此，茶艺的背景音乐，应以平缓的慢板或中板为主并贯穿始终。如果出现较多的变奏，情绪和情感的调整也会变多，则静雅的品茶感受和品茶氛围就会受到影响。

三、茶艺背景音乐的功能表现

茶艺背景音乐的功能表现在以下几个方面：

（一）创设情境，营造轻松愉快的休闲文化氛围

在现实生活中，人们难免会遇到各种各样的压力。此时，试着在悠扬的音乐中给自己沏一杯香茶，然后让心情在独坐品茗中慢慢平静下来，心底的那份静谧也会徐徐而来。人们在品茶过程中应用音乐营造茶境，是因为音乐特别是我国古典音乐重情味、重自娱、重生命的享受，可为茶人的心灵打通生命之源，使其徜徉于茶的无垠世界，随着茶香翱翔于茶馆之外更美、更雅、更温馨的广阔天地。

（二）改善人的大脑及神经，安定情绪，愉悦性情

精心录制的大自然之声，如山泉飞瀑、小溪流水、雨打芭蕉、风吹竹林、秋虫鸣唱、百鸟啁啾、松涛海浪等都是极美的天籁音乐，也称"大自然的箫声"，置身其间，可尽享"大自然"之美。

（三）音乐对茶艺产生积极的作用

音乐把自然美渗透进茶人的心灵，引发茶人心中潜藏的对美的共鸣，为品茶创造了一个如沐春风的美好意境。

有研究表明，人在声级较低的柔和音乐背景下，会感到轻松与愉悦。对茶客而言，可消除他们的不良体验，使他们的大脑及整个神经系统功能得到改善。根据音乐心理学理论，轻松明快的音乐能使大脑及神经功能得到改善，并使人精神焕发，疲劳消除；旋律优美的音乐能安定情绪，使人心情愉悦。我们熟悉的古典音乐的意境，能让背景音乐成为牵着茶人回归自然、追寻自我的温柔的手，就能用音乐促进茶人的心与茶对话、与自然对话。

四、茶艺背景音乐的选择方法

音乐虽然没有国界、阶级（阶层）、民族、年龄、性别、身份之分，但音乐的产生，总是受到不同地区、社会形态、社会文化及不同民族人们的心理因素的影响。因此，音乐必然在旋律与节奏等元素中反映不同的地区、阶层、文化和时代特征，并留下一定的文化印记。即使相同的音乐，用不同的乐器演奏，效果也不一样。这就要求在展演过程中，要选择在音乐形象上与茶艺表现的具体内容相吻合的乐曲作为表演的背景音乐。其主要方法为：

（一）根据不同时代选择

音乐的时代性是指那些在某一历史时期产生并广泛流行，深深地融入了那个时期的政治、社会、文化、经济等生活，成为那个时期声音标志之一的音乐作品。例如，茶席设计《外婆的上海滩》选择的音乐是《四季歌》。作为背景音乐，《四季歌》不仅有效地点明了茶席主题表现的时代，也有助于人们对茶席中老唱机等物态语言的把握。

（二）根据不同地区选择

音乐的区域特征历来被音乐家所重视，它主要来源于不同地区的民间曲调和在其基础

上创作的戏曲、歌曲等音乐。但凡带有浓厚地区特色的旋律，人们一听就可分辨出来自何方。

（三）根据不同民族选择

不同地区有不同民族，甚至同一地区就生活着许多语言、民俗等完全不同的民族。因此，不能简单地从乐器上对不同民族进行区分。例如，芦笙、巴乌、短笛、铜鼓等乐器，虽然都出自云南，但它们却代表不同的民族。

（四）根据不同宗教选择

茶道与宗教具有深厚的文化渊源。在古代中国茶文化的发生、发展过程中，宗教曾发挥了巨大作用。茶艺表演往往会表现茶与道、佛之间的关系，这时，应根据不同的宗教选择不同的宗教音乐作为背景音乐。例如，表现"禅茶一味"，可选择佛教的梵音；表现"道法自然"，可选择道教的音乐。尤其注意，并非所有表现宗教题材的茶艺表演，都一概选用佛教的唱经音乐作为背景音乐。

（五）根据不同风格选择

茶席设计一旦完成，其总体风格自然形成。粗犷、原始的物象，应选择音域宽广、宏大，富有强烈节奏感的音乐；器具组合细腻、灵巧的设计，应选择节奏平缓、声音柔美的音乐。总之，茶艺中的音乐应与风格相吻合，才能给人浑然一体的美好艺术享受。

五、民乐曲苑

中国民族器乐源远流长、历史悠久。从西周到春秋战国时期，民间流行吹笙、吹竽、鼓瑟、击筑、弹琴等器乐演奏形式，涌现了师涓、师旷等著名琴家和《高山》《流水》等著名琴曲。秦汉时的鼓吹乐，魏晋时的清商乐，隋唐时的琵琶音乐，宋代的细乐、清乐，元明时的十番锣鼓、弦索等，演奏形式丰富多样。近代的各种体裁和形式，都是对传统形式的继承和发展。

（一）独奏部分

琴曲《广陵散》《梅花三弄》，琵琶曲《十面埋伏》《夕阳箫鼓》，筝曲《渔舟唱晚》《寒鸦戏水》，唢呐曲《百鸟朝凤》《小开门》，笛曲《五梆子》《鹧鸪飞》，二胡曲《二泉映月》等，都是优秀的独奏曲目。

《阳关三叠》：唐代诗人王维作《送元二使安西》，流传甚广，被入乐咏唱之余，更被谱为琴曲，是为《阳关三叠》。此曲初见于《浙音释字琴谱》，旋律在稍加变化后重复3次，以表达一唱三叹、依依惜别的真挚感情。

《醉渔唱晚》：唐代诗人皮日休、陆龟蒙泛舟松江，听渔人醉歌而作此曲。曲谱初见于《西麓堂琴统》。音乐利用切分结构、滑音指法和音型的重复来表现豪放不羁的醉态。其中，有表现放声高歌的音调和类似于摇橹声的音调。全曲素材精练，结构严谨。

《渔歌》《樵歌》：南宋末年著名琴师毛敏仲最有影响力的两首作品。《渔歌》表现柳宗元"唉乃一声山水绿"的诗意，曾名《山水绿》；《樵歌》原名《归樵》。这两首作品在更名的同时，音乐本身也经浙派徐门不断加工，精益求精。乐曲中运用了主题贯穿和转调等手法，显示出作曲艺术的新水平。

《阳春白雪》：被称为曲高和寡的代表作品，后来被分成两个不同的作品。《神奇秘谱》在解题中评价它"取万物知春，和风淡荡之意"。

《酒狂》：曹魏末期，在司马氏的统治下，名人学士很难保全自己。阮籍叹"道之不行，与时不合"，只好"托兴于酒"，借以掩饰自己。传说此曲是他的作品。乐曲通过醉酒的神态，抒发了他内心愤懑不安的情绪。

《渔樵问答》：存谱初见于《杏庄太音续谱》。乐曲中通过渔樵对话的方式，在青山绿水之间赞美自然风光。曲中有一些悠然自得的乐句重复或移位再现，形成了问答的对话效果。还有一些模拟摇船和砍树的效果，营造了对渔樵生活的联想氛围。近代《琴学初津》评价它"曲意深长，神情洒脱，而山之巍巍，水之洋洋，斧伐之丁丁，橹声之唉乃，隐隐现于指下，至问答之段，令人有山林之想"。

《潇湘水云》：作者郭楚望，南宋末年著名琴师。由于当时政治腐败不堪，对异族的侵略无能为力，作者在潇、湘水畔北望九嶷山被云雾所遮蔽，有感于时势，作此曲以表达他忠贞抑郁的情绪。乐曲中运用了按指荡吟手法，以及不同音色迭次呼应等手法所创造的水光云影、烟雾缭绕的艺术境界，十分吸引人。

《普安咒》：又名《释谈章》，初见于《三教同声琴谱》。根据琴谱旁梵文字母的汉字译音来看，很像帮助人学习梵文发音的曲调。古代曾有普安禅师，也可能是此曲的作者。乐曲使用了较多的撮音，帮助音乐营造了一种古刹闻禅、庄严肃穆的气氛。曲式不同于一般琴曲，而与丝竹曲中曲牌联结的形式有些类似。

《良宵引》：初见于《松弦馆琴谱》，为虞山派代表曲目。乐曲虽短小，却有器乐化的特点，是一曲美好夜晚的赞歌。

《平沙落雁》：初见于《古音正宗》等琴谱，近300年来流传极为广泛，形成了多种多样的变化。乐曲描写在秋高气爽之际，雁群在天空飞鸣，然后歇落沙滩的情景，借乐曲淡雅恬静的意境，引出与世无争的思想。

《鹿鸣》：古琴曲，为《诗经·小雅》首篇，也是汉代仅存雅歌四篇之一。蔡邕《琴赋》《琴操》均有此曲目。明代张廷玉将此曲收入《理性元雅》琴谱，直至清末仍有刊传。

《广陵散》：又名《广陵止息》。现存琴谱最早见于《神奇秘谱》，该书编者认为，此谱传自隋宫，历唐至宋，辗转流传于后。谱中分段小标题有"取韩""投剑"等目。今人据此认为它源于《琴操》所载《聂政刺韩王曲》。现存曲谱共45段，其中头尾几部分似系后人所增益，而正声前后三部分很可能保留着相和大曲的形式。

《大胡笳》：唐代著名琴家董庭兰、薛易简都擅弹此曲。当时与《小胡笳》并称《胡笳两本》。初唐琴坛流行的祝家声、沈家声，均以此两曲著称。董庭兰继承了两家的传统，并整理了传谱。该曲现存于《神奇秘谱》，共18段。

《小胡笳》：唐代著名琴曲，与《大胡笳》并称《胡笳两本》。《神奇秘谱》将其编入《太古神品》。它的谱式更多地保留了早期琴曲的面貌，与《广陵散》章法非常接近，实系了解古代琴曲作品难得的实例。

《鸥鹭忘机》：内容实系表现《列子》中的一则寓言：渔翁出海时，鸥鹭常飞下来与之亲近，后来渔翁受人指使，存心捕捉它们，于是鸥鹭就对他疏远了。清代的《鸥鹭忘机》是一首动听的抒情小品，表现了"海日朝晖，沧江夕照，群鸟众和，翱翔自得"。

《龙翔操》：清代广陵派琴曲，以《蕉庵琴谱》所刊最为流行。音乐恰如标题所示，以流畅的曲调表现了翔龙飞舞、穿云入雾的情趣。

（二）江南丝竹

《行街》：又称《行街四合》，系江南丝竹八大曲之一。所谓行街，就是在街上边走边演奏的一种形式。这首乐曲因经常用于婚嫁迎娶和节日庙会巡演而得名。常见的有两个版本：一是由《小开门》《玉娥郎》《行街》及其变化、重复部分组成；二是由《行街》《快六板》《柳青娘》及《快六板》《行街》尾声组成。二者不论组合的曲牌有何异同和多少不一，但它们的共同点都是以《行街》及其变奏为主体，所以它们都属变奏性的连缀体。全曲分为慢板和快板两部分，慢板轻盈优美；快板则热烈欢快，且层层加快，把喜庆气氛推上高潮，具有浓厚的生活气息。

《欢乐歌》：系江南丝竹八大曲之一。节奏明快，起伏多姿，富有歌唱性，旋律流畅，由慢渐快，表示欢乐情绪逐渐高涨，常用于庙会等喜庆热闹场合，表达了人们在节日中的欢乐情绪。乐曲采用放慢加花的变奏技法，将母曲《欢乐歌》发展成慢板和中板段落。"放慢"是将母曲的音调节奏，逐层成倍加以扩充，如将一拍放慢为两拍或四拍，用以扩大结构。"加花"是在放慢的节奏上，绕母曲的骨干音，增添几个相邻音，以装饰和丰富旋律。由此发展出与曲具有一定对比的新型曲调。这是传统民族器乐创作中运用最广泛的一种旋律发展手法。民族器乐小合奏《江南好》就是据此改编的。

《中花六板》：系江南丝竹八大曲之一。旋律清新流畅，细腻柔美，富有浓郁的江南韵味，是江南丝竹的代表曲目。中花六板由民间艺人以《老六板》为母曲发展出《快花六板》《花六板》《中花六板》《慢六板》，并将其组合成套，称为《五代同堂》。"五代同堂"取吉利之意，喻指子孙五代同堂，福高寿长。另外，也意味着五曲同出一宗。《中花六板》是《老六板》的放慢加花，即将节拍逐层成倍扩充，而速度逐层放慢，旋律一次又一次地加花。亦可用箫、二胡、琵琶、扬琴等乐器演奏，拟"舜弹五弦，以歌《南风》"之古意，取名《熏风曲》，又称《虞舜熏风曲》，格调更加雅致。

《四合如意》：系江南丝竹八大曲之一。四合是曲牌名，包含由多首曲牌联合成套之意，系丝竹素材汇聚而成的综合大曲，全曲洋溢着一种热闹欢庆的气氛。《四合如意》因流传地区不同，有《苏合》《杭合》《扬合》等不同版本，其中以上海地区流行最广。全曲由8首曲牌连缀而成，包括《小拜堂》《玉娥郎》《巧连环》《云阳板》《紧急风》《头卖》《二卖》《三卖》。

《小霓裳》：原为杭州丝竹曲，旋律温润典雅，清丽飘逸，是描写月色的精品之作。原名《霓裳曲》，为区别于李芳园编辑的同名琵琶曲，遂改称《小霓裳》。此曲最先流行于杭州，据说系杭州丝竹艺人根据民间器乐曲牌《玉娥郎》移植。20世纪二三十年代，王巽之等人将此曲传到上海，经孙裕德等国乐界人士的大力推广，该曲现已成为上海丝竹界经常演奏的曲目之一。全曲共5段，玉兔东升、银蟾吐彩、皓月当空、嫦娥梭织、玉兔西沉。显然，这5个标题是根据唐明皇游月宫、闻仙乐的传说编写。演奏乐器有箫、二胡、琵琶和扬琴，音响清越华美，音调典雅靡丽，具有古代舞风之神韵，蕴含月宫嫦娥翩翩起舞的意境。主题分前后两部分，无明显对比。重复时，在前后两部分之间插入舞蹈性节奏音型加以展开。

（三）广东音乐

《步步高》：广东音乐名家吕文成的代表作。乐谱出自1938年沈允升著《琴弦乐谱》，当时已经相当流行。《步步高》曲如其名，旋律轻快激昂，层层递增，节奏明快，音浪叠起叠落，一张一弛，音乐富有动感张力，催人奋发上进。

《双声恨》：以牛郎织女为题材，系广东音乐传统乐曲。乐曲表达了在哀怨缠绵中对未来美好生活的向往之情。据黄锦培说："早在1925年，这首乐曲就已经由陈日生首先介绍出来。"曾有传抄谱中配有歌词："愁人怕对月当头，绵绵此恨何日正当休，悔教夫婿觅封侯……唉呀，恨悠悠，几时休，飞絮落花时节一登楼，遍洒春江都是泪，流不尽，别离愁……"乐曲开始的慢板段落，色彩暗淡，曲调哀怨缠绵，多段旋律的重复如泣如诉，深沉悱恻，凄怆之情可见一斑。后面快板乐段的反复加花演奏，速度渐快渐强，明朗有力，表达了对美好生活的向往。

《昭君怨》：原是一首广东汉乐（即客家音乐）筝曲，现在流传着多种谱本和演奏形式。乐曲主要描写昭君出塞后对故土的思念，表达了一种欲归而不能的哀怨之情。乐曲开头以缓慢的节奏、重复变化的旋律，有层次地描述了昭君出塞的无奈和哀怨情绪；乐曲尾段节奏忽然加快，犹如心情激动起伏，似在倾诉满腹的怨恨。可这远离故土之痛，又怎一个"怨"字了得？

第四节　茶会活动

茶会，是起源于我国的一种社交性聚会形式。几千年来，人们在各个时期、各种场合中，通过茶会，品茗议事，交流感情，并不断改革、创新，使茶会的内容与形式更加丰富多彩，并越来越受到当今世界各国人民的喜爱。

普通高校开设茶文化课程，可以培养大学生参与茶事的实践素养。举办茶会，则是茶人在茶饮生活中基本能力的体现。在日常生活中，人们经常要接触各种具体的茶会实务。只有掌握了茶会实务中具体的方法和技巧并加以熟练应用，才能成功举办准确、生动并具有一定作用和意义的茶会。

一、茶会与茶会实务概述

（一）茶会的由来

1. 茶会的早期记载

会，古时指盖子。据《仪礼·士虞礼》记载"命佐食启会"。郑玄注："会，合也，谓敦盖也。"后来引申为：会合、聚会。司马迁在《史记·项羽本纪》中记载："五人共会其体，皆是。"而"茶会"一词的正式出现，始见于唐代诗人钱起创作的《过长孙宅与朗上人茶会》这首五言律诗。宋人朱彧表达得更清楚，他在《萍洲可谈》卷一中说："太学生每路有茶会，轮日於讲堂集茶，无不毕至者，因以询问乡里消息。"

2. 茶会的形式与发展

①会合在一起，采茶尝新，是茶会的最初表现形式。晋人杜育在《荈赋》中详细记载了当时的人们趁着农闲，"结偶同旅，是采是求"的情景："灵山惟岳，奇产所钟。厥生舜草，弥谷被岗。承丰壤之滋润，受甘霖之宵降。月惟初秋，农功少休。结偶同旅，是采是求。水则岷方之注，挹彼清流；器择陶简，出自东隅，酌之以匏，取式公刘。惟兹初成，沫沉华浮。焕如积雪，晔若春敷。"

②以茶代酒，以俭养廉，抵制奢侈铺张之陋习，是早期茶会的鲜明特征。两晋时期，"奢汰之害，甚于天灾"。奢侈荒淫的纵欲主义使世风日下，备受当时有识之士所诟病。于是，出现了陆纳以茶素业、桓温以茶代酒之举。陆纳以茶素业：据南宋何法盛在《晋中兴书》中记载："陆纳为吴兴太守时，卫将军谢安尝欲诣纳，纳兄子俶怪纳无所备，不敢问之，乃私蓄十数人馔。安既至，纳所设唯茶果而已。俶遂陈盛馔，珍馐毕具。及安去，纳杖俶四十，云：'汝既不能光益叔父，奈何秽吾素业！'"桓温以茶代酒，据《晋书·桓温列传》记载："桓温为扬州牧，性俭，每宴饮，唯下七奠，柈茶果而已。"

③唐代宫廷，已将大型茶会"清明宴"作为统治阶层的聚会形式。"清明宴"一词出自唐代李郢的《茶山贡焙歌》："……十日王程路四千，到时须及清明宴。"清明宴是在唐都长安清明节期间，根据贡茶区茶会制定的一种宫廷大型茶会朝仪。有规模较大的仪卫和较多的侍从，并伴有音乐和歌舞，由朝中礼官主持这一盛典。

每年清明节，贡茶区同样也会举行类似茶会。据《渔隐丛话》记载："唐茶惟湖州紫笋入贡，每岁以清明日贡到。先荐宗庙，然后分赐近臣。紫笋生顾渚，在湖常二境之间，当采茶时，两郡守毕至，最为盛集。"境会亭在湖州和常州交界处。每年采制新茶后，两州刺史各率乐人、舞伎，携带春茶前来聚会，斗茶品茗，各显茶艺，进而形成定制。

④茶会在宗教中上升为一种集体性的精神行为方式。唐末佛教寺院经常举办大型茶

宴，如南宋宁宗开禧年间，余杭径山寺举办茶宴，参加僧侣多达上千人。怀海禅师自创《百丈清规》规定茶宴程式：先由主持僧"调茶"，然后宾客接茶，揭开碗观茶色、闻茶香、尝茶味，最后评茶、坐禅、诵经。宗教中茶宴（茶会）的主要作用是通过饮茶，将参与者集体导入一种空灵的虚境，让他们共同体味"茶禅一味"的真谛。

⑤宋代斗茶之风盛行，茶会便更趋于一种茶品、茶艺比拼高下的竞赛形式，也使茶的制作工艺和茶人的品茗技艺进入鼎盛时期。较早掀起民间斗茶之风的宋代，蔡襄称为试茶。范仲淹还在《和章岷从事斗茶歌》中描绘了民间试茶的情景："北苑将期献天子，林下雄豪先斗美。"

于是，文人斗茶之会，相继而起。宋徽宗在《大观茶论》序言中写道："天下之士，励志清白，兢为闲暇修索之玩，莫不碎玉锵金，啜英咀华，较筐篚之精，争鉴裁之别。"可见，连宋徽宗也参加了斗茶行列。宋徽宗不仅亲自参与斗茶，还要把群臣斗败了心里才痛快。

⑥明清时期，茶会逐渐走向民间，开始以固定场所"茶馆"为集体聚会形式。元末杂剧始唱"早晨开门七件事，柴米油盐酱醋茶"。茶与百姓日常生活紧密结合，专供百姓聚集的各式茶馆也应运而生。例如，专供商人一边饮茶，一边进行买卖交易的"清茶馆"；专供帮会说是论非，吃"讲茶"的"讲茶馆"；供百姓聊天的"老虎灶"；兼具说书、表演曲艺节目的"书茶馆"；专供文人笔会、游人赏景的"野茶馆"等，呈现茶馆分类的广泛性、多样性。

⑦传统茶会形式的诸多优良特性，被现代人继承。中华人民共和国成立伊始，中国人民政治协商会议筹备活动即以"茶话会"形式举行，各种形式的"茶话会"沿用至今。

⑧茶会形式在国际茶文化交流中不断交融互用。我国古代僧人东渡扶桑，将茶会形式引入日本。在现代，我国台湾茶人又创立了"无我茶会"。

（二）茶会与茶会实务的基本特征

茶会是以茶和茶点招待自愿参会人群的一种社交性聚会形式。茶会实务就是根据茶会的目的和要求，为保障茶会的成功举办，由承办者一手策划、准备、实施的全部实际性工作内容。茶会实务曾称"茶会组织"或"茶会举办"，因"组织"一词除作动词外，还特指国际上各国普遍称谓的"organization"（机构、团体），如"政府组织""党的组织"等；而"举办"一词，词义表示程度较低，又缺乏一定的国际使用频率。换用"实务"一词，则有一定的科学性和普遍性。

1. 茶会的基本特征

①因茶而有茶会，茶会起源于中国。

②以茶和茶点待客。区别于奢侈铺张，体现以茶代酒、以茶示俭的清廉美德。

③自愿参加。区别于行政公务会议，体现轻松、自由、平等、亲和的会风。

④无严格的主题限制。有主题可聚，无主题纯属"无事"也可聚。

⑤无严格的结果要求。可议事、定事，也可纯粹交流感情。

⑥无严格意义上的主客之分。可由承办者准备茶和茶点，也可由与会者自带茶和茶具。

⑦无严格的招待标准。可预备茶和茶点，也可仅备清茶一杯。

2. 茶会实务的基本特征

①有固定的目标。一旦茶会的策划方案确认后，一切有关茶会的宣传、场地、规模、人员、物品等准备均按计划进行，一般不轻易改动。

②分工明确。由一人统一指挥，其他人员均按各自的分工与职责，按时、按质、按量完成所承担的工作。

③有较完备的措施。策划人对各项具体工作的安排、计划应考虑周全，方法科学。

④具体落实。茶会工作人员应以高度认真负责的精神，对茶会所涉每一项具体事务，无论大小，都应有准备、有安排、有落实、有检查，力求万无一失。

3. 茶会在社会生活中的地位与作用

由于茶会的形式多样、灵活、简朴、宽松，在我国目前的社会活动中，不仅成为政府部门、机关团体、企事业单位等机构经常采用的一种会议形式，也是普通百姓交友、聚会、联络感情的一种普遍方式。它的集会性、多样性、务虚性、广泛性，助其在各个阶层的社会活动中发挥着积极有效的重要作用。

①集会性。在会议形态上，茶会的时间形态、地点形态、人员聚集形态、交流形态等特征和其他正式会议一样，具有共性。因此，根据集会性的要求，采取茶会形式，也可以在一定程度上完成正式会议的一般议程。

②多样性。社会人员组成的多阶层性，社会生活内容构成的丰富性，必然反映聚会形式的多种需求。而茶会形式没有严格的确定性，完全可根据茶会内容变化其形式，相应地，茶会形式也表现出丰富的多样性，以适合社会多阶层不同聚会内容的需要。

③务虚性。随着民主政治和民主生活的不断加强，社会生活中的一般会议，也逐渐呈现出平等、恳谈、交流、务虚的一面。茶会以茶为媒介，呈现真挚、平等、亲和的特性。因此，采取茶会形式，往往最能体现这类会议对氛围的要求。

④广泛性。社会生活体现在政治、经济、文化、科技、教育等领域的广泛性，使茶会的形式也呈现同样丰富的广泛性。茶会的规模可大可小，举办场所也没有严格限制，加上其简朴、灵活的特性，容易策划，容易召集，容易举行，因此被社会广泛采用。

（三）茶会的种类

我国茶会种类繁多，从政府到民间，各个地区、各个民族、各个阶层，都有各自不同特色的茶会内容和形式。按不同目的来划分，茶会可分为以下几类：

① 节日茶会，又可分为现代节日茶会和传统节日茶会。现代节日茶会包括国庆茶会、五一茶会、妇女节茶会、八一茶会、新年茶会等。传统节日茶会包括迎春茶会、端午茶

会、中秋茶会、重阳茶会等。

② 纪念茶会，指为纪念某项重大事件而举行的茶会。例如，五四茶会，是为了纪念五四运动而举行的茶会；七一茶会，是为了纪念中国共产党的生日所举行的茶会等。其他纪念茶会有香港回归祖国周年茶会、公司成立周年茶会等。

③ 研讨茶会，一般多由学术部门和学术团体举办。例如，"茶与健康学术研讨茶会""陆羽生平学术研讨茶会""WTO与中国经济腾飞学术研讨茶会"等。

④ 品茗茶会，指每逢产茶区采摘新茶时所举行的一种带有尝新性质的品茗茶会。如"西湖龙井品茗茶会""信阳毛尖品茗茶会"等。

⑤ 推广茶会，一般指为某种产品、文化艺术品，或某种带有商业或公益性质活动而举办的宣传、推广、介绍性茶会。例如"化妆品推介茶会""新书发行茶会""埃及新路线五日游介绍茶会"等。

⑥ 喜庆茶会，指为庆贺某一事件而举行的茶会。例如结婚喜庆茶会、生日茶会、寿诞茶会、新楼落成茶会、新厂搬迁茶会等。

⑦ 联谊茶会，指为加强联系、增进友谊而举办的茶会。例如"江西知青联谊茶会""欧美同学联谊茶会"等。

⑧ 交流茶会，指为切磋某项技艺、交流某种经验而举办的茶会。例如"中国古茶道表演交流茶会""茶点制作经验交流茶会""海峡两岸茶艺交流茶会""少儿茶艺交流茶会""国际茶文化交流茶会"等。

⑨ 艺术茶会，指为某种艺术作品的观赏、展现、表达而举办的茶会。例如新诗朗诵茶会、书法茶会、插花茶会、古琴演奏茶会等。

⑩ 无主题茶会，特指在某一时间、地点举行，并无具体目的，纯粹交流感情的茶会。例如"北山大茶会""二月茶会""七里桥茶会"等。

⑪ 形式茶会，是指茶会的目的、内容、举办的方法及过程，是按照一定的规定形式来进行的茶会。例如佛教中的茶礼、中国台湾的"无我茶会"等。

"无我茶会"是按照一定的规定形式来进行的茶会。1990年，首先在中国台湾妙慧堂举行，初为佛堂茶会。由于佛堂茶会设在清净的佛堂，茶会力求空灵、茶禅一味的精神，带有宗教色彩，因此，其发展受到一定的限制。为了让更多的人能接受茶会，佛堂茶会逐渐演变为现在的"无我茶会"。会场既可设在室内，也可设在室外，人数不限，不分肤色、国籍、性别、年龄、职务、职位。茶会的目的在于沟通心灵，一味同心。

"无我茶会"在举办前，首先要书面写明公告事项，以便与会者事先阅读，有所准备，便于茶会有条不紊地进行。公告内容要写明茶会的举办时间、地点、主题、人数、座位方式、泡几杯茶、供茶规则、茶类、会后活动、泡几种茶、泡几道、茶食供否等。在时间安排环节，要详细写明不同时间的活动内容。在工作分配方面，要详细写明不同工作人员的不同工作安排。

参加"无我茶会"携带的茶具可根据茶类而定，尽量小巧简便。基本要求是每人需带冲泡茶具、四个杯子、奉茶盘、茶巾、手表或计时器、热水瓶、茶叶、坐垫等。

茶会开始前，首先应报到抽签，依号码找到位置，以号码为顺序排列。座位形式多用封闭式，即首尾相连成规则或不规则的环形、方形或长方形等。数十人或数百人的大型茶会往往选择露天进行，均无桌椅。与会者找到位置后，将自带坐垫前沿中心点盖住座位号码牌，在坐垫前铺放一块泡茶巾，上置泡茶器，泡茶巾前方是奉茶盘，内置四个茶杯，热水瓶放在泡茶巾左侧，提袋放在坐垫左侧，脱下的鞋子放在坐垫左后方。

当茶具安放完毕，根据公告安排，第一阶段是茶具观摩和联谊，这时，可在会场中走动，也可互相拍照留念。

到了约定时间，与会者开始泡茶。然后将茶分入四个杯中，一杯留给自己，另外三杯用茶盘奉送给左侧三位茶侣。如果所要奉茶的人已去奉茶，只需将茶放在他的泡茶巾上即可。如遇来人奉茶，应行礼接受。待茶奉齐，即可自行品饮。饮毕，即可泡第二道。第二道奉茶时，可用奉茶盘托泡茶器依次为左侧三位茶侣斟茶。继之冲泡第三道，奉茶同第二道，冲泡完毕，如安排有演讲和音乐欣赏等活动，即应坐回原位，专心聆听，结束后方可端茶盘回收自己的杯子。将茶具收拾妥当，清理好自己座位的场地，与大家道别散会或继续其他活动。

"无我茶会"是一种大家共同参与的茶会，其成功与否，取决于是否体现了"无我茶会"的精神：

第一，无尊卑之分。茶会不设贵宾席，与会者的座位经抽签确定，在中心地还是边缘地，在干燥平坦处还是潮湿凹凸处不能挑选，自己会奉茶给谁喝，会喝到谁的茶，事先都不知道。因此，不论职业、职务、性别、年龄、肤色、国籍，人人都是平等的。

第二，不求报偿之心。与会者泡的茶都是奉给左侧的茶侣，人人都为他人服务，而不求对方报偿。

第三，无好恶之分。每个人都会品尝到不同的茶。由于茶类和技艺的差别，品味是不一样的。但每位与会者都要以客观的心态来欣赏每一杯茶，从中感受别人的长处，不能只喝自己喜欢喝的茶，而厌恶别的茶。

第四，时时保持进取之心。与会者每泡一道茶，自己都要品尝一杯，每一杯泡得如何，与他人相较有何差异，都要时时检讨，使自己的茶艺有所精进。

第五，遵守公告约定。茶会进行时并无司仪或指挥，大家都按事先公告项目进行，养成自觉遵守约定的习惯。

第六，培养集体性默契。茶会进行时，与会者均不说话，大家用心泡茶、奉茶、品茶，时时自觉调整，约束自己，配合他人，使整个茶会节拍一致，并专心欣赏音乐或聆听演讲。人人心灵相通，即使几百人的茶会也能保持会场宁静、安详的气氛。

二、茶会实务

（一）茶会策划

茶会策划是指在进行茶会准备工作之前，对茶会的目的、性质、名称、形式、规模、举办时间、举办地点、参加对象、经费预算及运作方式等进行的一种具体设计。茶会策划是茶会实务的首要内容。

1. 茶会的策划方式

①自上而下的方式。此类策划，首先由上级领导将茶会目的等要求以口头或文字的形式传达给具体策划人；其次，由具体策划人根据上级领导的原则、要求，设计具体的策划方案；最后送领导审定。

②自下而上的方式。此类策划，通常由具体策划人根据需要，首先策划出茶会的内容，然后将茶会的具体策划方案呈送给领导，最后由领导修改、审定。

③集体设计方式。此类策划，一般由领导和参加会议的人员，共同对茶会的举办进行具体策划。

2. 茶会的策划方案

茶会的策划方案是指将要举办茶会的全部形式与内容，并对茶会的每一环节提出具体的实施方法和计划。

①确定茶会方案的基本内容，主要包括目的、名称、规模、对象、时间、地点、物品清单、经费预算等。

②确定茶会的举办形式，主要有座谈、游园、分组、展示、表演，或其中几项的结合等。

③确定茶会的实施方法，即哪些人，在何时按照何要求，以何种方式去具体实施。

④制订茶会的实施计划，是指列出各项准备工作的先后顺序。

3. 茶会方案材料准备

茶会方案材料准备是指根据具体的策划方案，以文字形式分别进行表述。方案材料一般有两类：一类是在一份文字材料中，将各项方案的内容加以总体表述；另一类是在多份文字材料中，对方案的每一项具体内容进行单独的表述。前者一般适用于小型茶会，后者则适用于大型茶会。

大型茶会的方案材料一般由以下几种文件组成：

①申请报告。申请报告是获得上级或有关部门最终批准的重要文件。其具体内容包括：报告的题目（如"关于举办2016年茶艺交流茶会的报告"），报告的对象（即向谁报告），茶会的意义、作用与目的，茶会举办的时间与地点，茶会的主要举办形式，茶会的参加人员，申请报告的目的，申请报告人或申请报告机构署名，申请报告递交时间。

②参会人员名单。参会人员名单包括两部分：一是出席茶会的正式人员名单；二是茶

会的全体工作人员名单。这样有助于各类文件、物品的准备，以及具体经费的预算。

③组委会机构与成员名单。组委会是一种专门性的临时机构，一般负责某个大型会议的操办。有实际工作的人员和无实际工作的名誉人员，都要列入其中。每个机构均有系统的结构与分工。茶会的组委会下设各个具体工作部门，并将具体部门的工作人员列入其中。

④茶会实施方案书。茶会实施方案书的内容主要包括：具体的各项准备工作及时间、地点、数量、要求和具体的执行人员。茶会的实施方案书，通常以表格形式表述，让人一目了然。

⑤参会人员通知。在所有会议文件中，会议通知是最简单的一种，但它又是在会议之前最先和与会者联系，并决定被通知者是否参会的重要途径和方式。因此，在会议通知的性质、内容、举办时间与地点等文字上，不能有丝毫错误。最后，还应写上通知者的电话号码，以便及时进行交流与联系。

⑥茶会议程安排。茶会议程是指茶会内容的安排顺序。它要求会议主持人及所有在会议中有所表现的人员名单都要具体注明，并写明他们各自的表现内容。茶会议程安排的特点，通常是贺词、主题发言等排在前面，茶艺表演等演出排在中间，最后是自由发言或讨论。因贺词、主题发言和演出等是必须进行的内容，相对来说会受到一定时间的限制；而自由发言是非必须进行的内容，几乎不受时间的限制，这样的安排便于对茶会总体时间的灵活把握。

⑦物资采购清单。物资采购清单体现茶会的全部物资准备内容，它要求在物资的种类、单价、数量、质量等内容上具有相对准确性。考虑到一定的损耗因素，在数量上可略微增加。

⑧茶会宣传、使用的图文材料内容样式。茶会的吸引力，在一定程度上依赖于反映茶会内容的宣传、使用的图文材料。其图片的真实性、生动性和图文设计的创意效果，以及使用性材料的方便性、可读性，是图文材料设计成功的关键。一份优秀的茶会宣传资料，不仅体现茶会的档次、品位与影响，其本身也是一种艺术品，会赢得与会者的赞赏与收藏。

⑨茶会经费预算。茶会经费预算是茶会总收支的基本估算。其原则要求：一是支出范围要基本涵盖，支出项目要基本全面；二是估算数字要略大于支出数字；三是收入数字可能会小于估算数字。

4. 策划认定

策划认定是指由主管部门和主管领导对策划方案内容的审定和批准。首先进行方案材料申报。申报材料涉及哪个部门，就应向哪个部门申报。如行政部门、财务部门、外事部门、宣传部门等。在报批过程中，如果审批部门对方案内容提出了意见，应及时进行修改。待所涉部门完全审批后，方可按审批后的各项方案内容实施茶会的具体准备工作。

（二）茶会实务准备

茶会实务准备是茶会举办的必要条件。尤其是大型茶会实务准备，是一项非常具体而系统的工作。因此，茶会的实务准备越周全、越细致，就越能体现茶会的质量。

1. 通知的形式及方法

通知形式及方法的正确与否，直接关系到茶会参加对象的人数和茶会正式举行的时间安排。因此，通知的形式与方法，应根据参加对象的基本条件确定。如参加对象居住分散、距离较远，可进行信函通知；如参加对象居住集中、距离较近，则可进行口头通知。

通知形式一般有如下几种：

①媒体通知。一般针对不确定的对象采用，即符合茶会参加条件的人员，都欢迎参加。此类通知形式，主要针对大型茶会而言。

②信函通知。有明确的指定对象，须掌握指定对象的联系地址和邮政编码。信函通知既可采用信函形式寄出，也可采用设计别致的请柬形式寄出。为了确定对象是否参加，信函上还可列出回执，以收到的回执确定参加茶会的人数。

③通信传达。主要采用电话通知和计算机网络通知等方式。电话通知容易迅速确定参加茶会的具体人数。网络通知的前提，是确定对象计算机的拥有情况。

④口头通知。一般为小型茶会所采用。往往只需口头通知一两个人，再由他们口头通知其他人。

⑤会议通知。适用于居住、工作相对集中的对象。往往可在相同对象参加的其他会议上进行通知。通知时间，一般可选择在茶会正式举行前的两三天。太晚，对象可能因其他活动安排不易调整；太早，对象容易忘记。重要的茶会，一般在通知下达后，临会前还要进行一次电话确认。

2. 人员接待准备

人员接待准备，主要表现在参加人员来自其他国家和地区的大型茶会。人员接待准备必须做到充分和细致，稍有疏忽，都会给与会者留下不好的印象。人员接待准备，主要表现在以下四个方面：

①行动接待，这是首要接待，也是给接待对象留下的第一印象。接待人员应详细掌握每一位接待对象准确到达的时间及机场、车站、码头等地点，以便提前到达。对不熟悉者还应准备写有接待对象姓名的识别标志，以便对方及时、准确识别。

预先备妥接待车辆。没有备用车辆，应选择呼叫方便、车况良好、驾驶熟练的出租车接送。除准时用车接送对象外，还应对每一位对象会外行动需要车辆的情况有所了解，以便及时安排。

②住宿接待，它关系到对象的休息质量。可按对象的住宿要求预订，也可按符合安全、卫生、舒适、交通方便、饮食方便的标准预订。

③饮食接待，除宴会安排外，一般选择在住宿地用餐。事先可了解对象的饮食习惯，

合理安排其饮食。

④涉外人员接待，对于涉外人员的接待安排，除提前办理好涉外手续外，还要有外币兑换和译员的准备，以便涉外对象的生活和会务行动。

3. 茶会场地准备

茶会场地是茶会形式与内容的体现场所。其他各项准备工作的充分与否往往都集中体现在场地中。由此可见，场地的准备，在茶会实务中占有十分重要的地位。

①场地落实，包括主会场，领导和贵宾的休息室，演员化妆室、候演室，以及停车场地。

②场地布置，一般需对主席台、表演台、一般坐席进行设计与摆置。另外，会幅的悬挂，花卉的摆放，宣传品、庆贺物的挂贴，签到桌、指示牌、告示牌的安放等，都应有相应的布置。

③场地设施准备，包括桌、椅、扩音设备、音响设备、多媒体设备、灯光、空调等。如果安排了茶道表演和其他演艺节目，还应有表演所需的桌椅、背景、道具、开水等的基本准备。

④场地物品准备，包括茶、茶点、热水瓶、热水器、纯净水、茶杯、茶点盛器、抹布、拖把等。

4. 茶会材料准备

茶会材料包括图文形式的茶会宣传材料和使用材料。

①茶会宣传资料。主要包括茶会宣传单、纪念册等。茶会宣传单和纪念物品的设计应有创意。应做到设计稿提前报审，提前印刷。

②茶会使用材料。主要包括茶会讲话稿、茶会议程表等。其中，茶会讲话稿应提前约写、收集、整理与印刷。

5. 茶会实务人员培训

一个大型茶会就是一个系统工程。对所有茶会实务人员进行会前培训，有利于保证茶会的顺利进行。

①明确分工，不仅让每一位茶会实务人员明确所在实务位置和所承担的职责，也使大家相互了解彼此所处位置和职责，以便突发事件或自己不能处理的问题发生时，能快速找到解决问题的人。

②确定联络方式，主要表现为茶会实务指挥、联络系统的迅速与畅通。各方面具体负责人必须随身携带手机或对讲机，相互熟悉手机号码，一切听从指挥者调遣。

③茶会服饰准备，大型茶会全体实务人员，提倡穿统一服饰，以便主客迅速识别。

④模拟操练，这一环节十分必要。通过模拟操练，往往能发现许多问题，可以及时弥补和纠正。

6. 茶会准备检查

茶会所有准备完成后，在临会前，还应对所有准备进行一次全面检查，检查得越细越好。茶会准备检查的原则有三条：

①检查必须提前。

②检查必须细致。

③纠正必须迅速。

（三）茶会实施

所有茶会实务准备，最终都是为茶会服务的。茶会实施的质量直接反映茶会准备的质量。

1. 实务人员提前到达

所有茶会实务人员，必须在茶会正式开始前半个小时甚至更长时间到达会场，到达后迅速做好以下准备工作：

①换上整齐统一的服饰。

②快速对所有准备工作进行最后一次复查。

③做好茶水准备、茶点摆放。

④布置签到台，准备分发茶会材料。

⑤调试扩音效果、灯光效果以及其他设备效果。

⑥清理、调整来宾停车场地。

2. 迎接

①热情迎接每一位提前到达的茶会参加者。

②恳请参加者签名，分发茶会材料。

③做好座席引导，普通参加者先到入席，临会前几分钟，再从休息室请领导、贵宾入席。

3. 茶会主持

由茶会主持人宣布茶会开始，并主持茶会始终。茶会主持人应善于在代表发言期间与指挥人员及时沟通，了解情况，以便临场随机应变、巧妙调度处理。

4. 茶会服务

茶会正式举行期间，由固定的茶会服务人员负责添茶倒水服务。服务期间，可选在前一位讲话者结束，后一位讲话者讲话之前迅速进行。

5. 送客安排

茶会结束后，应做好送客工作。要留足通道，先送领导、贵宾，再送普通参会者。部分宾客，还应陪同送往住宿处或就餐处。

6. 善后处理

茶会全程结束后，如有需要，对所有返程人员还应提前订妥机票、车票、船票，并分头送至机场、车站、码头。对茶会场所借用的设备、物品等应及时清理、归还，并将场地打扫干净。

7. 茶会总结

茶会结束后，应及时进行总结。总结经验，吸取教训，以利今后茶会的顺利举行。茶会总结方式有两种：

①会议总结。一般由茶会主办方各环节负责人参加的小范围会议总结和全体工作人员参加的会议总结两种形式。无论哪种形式，会议总结的内容都应围绕成功经验、不足方面和纠正方法等方面进行。该表扬的表扬，该批评的批评。会议总结的方式越具体越好。

②文案总结。一般应由参加茶会全过程的领导或负责人执笔。如果掌握情况不全面，还可进行必要的会后调查。文案总结可粗可细，但总结的内容都应体现反映问题基本全面，成绩评价实事求是，不足之处能分析到位并提出切实可行的纠正方法。文案总结一般作为向上一级部门汇报的文字性工作材料，也可留作本单位备案。

参考文献

［1］李璐，等. 茶文化与大学生素养［M］. 重庆：重庆大学出版社，2017.

［2］朱旗. 茶学概论［M］. 2版. 北京：中国农业出版社，2020.

［3］吴曦，王辉，裴玉昌. 茶艺项目化教程［M］. 北京：北京理工大学出版社，2018.

［4］程善兰，陈君君. 谈茶说艺［M］. 2版. 南京：南京大学出版社，2020.

［5］张星海，孙达，张小雷. 茶艺传承与创新［M］. 2版. 北京：中国商务出版社，2020.